高等院校文化素质教育规划教材

大学生心理健康教育

庞小佳　裴菁菁　杨高峰◎主编

北京师范大学出版集团
BEIJING NORMAL UNIVERSITY PUBLISHING GROUP
北京师范大学出版社

图书在版编目(CIP)数据

大学生心理健康教育 / 庞小佳，裴菁菁，杨高峰主编 . —北京：北京师范大学出版社，2020.8(2023.2 重印)
(高等院校文化素质教育规划教材)
ISBN 978-7-303-26088-1

Ⅰ.①大…　Ⅱ.①庞…　②裴…　③杨…　Ⅲ.①大学生－心理健康－健康教育－高等学校－教材　Ⅳ.①G444

中国版本图书馆 CIP 数据核字(2020)第 130082 号

图书意见反馈：gaozhifk@bnupg.com　010-58805079
营销中心电话：010-58802755　58800035
北师大出版社教师教育分社微信公众号　京师教师教育

DAXUESHENG XINLI JIANKANG JIAOYU

出版发行：北京师范大学出版社　www.bnupg.com
　　　　　北京市西城区新街口外大街 12-3 号
　　　　　邮政编码：100088

印　　刷：天津旭非印刷有限公司
经　　销：全国新华书店
开　　本：787 mm×1092 mm　1/16
印　　张：12.75
字　　数：274 千字
版　　次：2020 年 8 月第 1 版
印　　次：2023 年 2 月第 7 次印刷
定　　价：39.00 元

策划编辑：王剑虹　　　　　　责任编辑：周　鹏
美术编辑：焦　丽　　　　　　装帧设计：焦　丽
责任校对：陈　民　　　　　　责任印制：马　洁

前 言

FOREWORD

2018 年，教育部颁布了《高等学校学生心理健康教育指导纲要》(以下简称《纲要》)。该《纲要》指出，心理健康教育是高校人才培养体系的重要组成部分，也是高校思想政治工作的重要内容，旨在培育学生自尊自信、理性平和、积极向上的健康心态，促进学生心理健康素质与思想道德素质、科学文化素质协调发展。《纲要》的颁布确立了国家对高校学生心理健康教育工作的基本要求，为高校教师制定课程方案、开发教材与课程资源、开展教学与评价提供了依据。

2019 年，教育部将"推进心理健康知识教育"作为重点工作之一。教材作为知识的有形载体，承担着传播知识的重要使命。因此，教育部这一重点工作对大学生心理健康教育的教材体系提出了更高的要求。

在此背景下，本教材在 2018 年 3 月版的基础上，紧紧围绕《纲要》提出的任务要求，以及"线上线下、案例教学、体验活动、行为训练、心理情景剧等多种形式"的教学方法要求进行修订。在内容上，删掉了原有的学习心理和大学生常见心理障碍及防治两部分，增加了职业规划的内容，更新了原有的案例和拓展资料；在编写上遵循"简化理论、突出训练、案例主导"的原则。同时重视引入新媒体资源，在适当位置加入了视频资源等。在排版上，突出板块化的设计，在原有基础上增加了"学习目标""体验活动""课堂演习""推荐资源"等板块，以增加学生阅读的目的性、趣味性。

本书的框架结构及提纲由杨高峰教授确立并编写，庞小佳老师负责第一章、第二章、第七章和第八章的修编，裴菁菁老师负责第三章、第四章、第五章和第六章的修编。最后由庞小佳老师统稿，李少梅教授和杨高峰教授审定。庞小佳老师和裴菁菁老师分别完成约 11 万字、16 万字。

在本书的编写和修订过程中，我们参考和借鉴了国内外许多文献资料与研究成果。踩在巨人的肩膀上，我们才得以勇敢前行。在此，对这些作者表示衷心的感谢。

本书的顺利出版离不开领导、专家、老师和出版社的辛苦付出与支持，在此我们一并表示感谢。

  由于我们的水平有限，加之时代快速发展，信息网络时代的到来，社会问题、家庭问题和学生自身心理问题复杂多变，本书难免有疏漏和不足之处，敬请读者朋友批评指正，提出宝贵意见，以便本书不断改进和完善。

编　者
2020 年 4 月

目 录

CONTENTS

第一章 从"心"开始，追寻幸福

学习目标 ▶

1. 掌握心理健康的真正含义，认识心理咨询和心理治疗，并能较好地理解二者的区别。

2. 知晓大学生心理发展的特点，理解大学生心理健康的现状及影响因素。

3. 了解大学生心理健康教育对于自身的重要意义。

思维导图

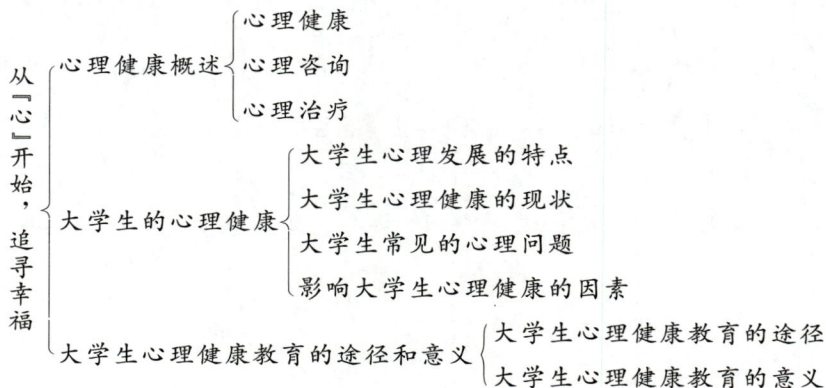

从「心」开始，追寻幸福
- 心理健康概述
  - 心理健康
  - 心理咨询
  - 心理治疗
- 大学生的心理健康
  - 大学生心理发展的特点
  - 大学生心理健康的现状
  - 大学生常见的心理问题
  - 影响大学生心理健康的因素
- 大学生心理健康教育的途径和意义
  - 大学生心理健康教育的途径
  - 大学生心理健康教育的意义

身边的故事

大学生立志比赛拿奖，焦虑到看心理医生

小李是西安某大学大二学生，上大学前，小李一直是一名学优生，大一的成绩也不错，还拿了奖学金。这让小李有一种优越感，觉得自己比别的同学都优秀，无论做什么事情都能比别人做得好。从大二开始，小李热衷于参加各种比赛，最近正在积极准备英语辩论赛（非专业组），优秀的小李在参加辩论赛前就已经定好了目标——拿到一等奖。

为了表明决心，他还专门在朋友圈晒出了这个目标："一年一度的英语辩论赛就要开始了，我要誓争第一！"但立下目标后，他才发现对手远比他想象得要优秀，比赛也远比他想象得要难。初赛的时候，小李的成绩很不理想，他自嘲地说："这个目标简直从一开始就是失败的。"那条朋友圈的信息他也越看越刺眼，干脆删除。初赛的打击让他甚至有了放弃的念头，他一蹶不振，逃避所有跟辩论赛相关的事情，甚至不愿意听到别人谈论。

辅导员发现了小李这种逃避、拖延的心态，担心这样下去会影响他的学习和生活，就把他推荐给了自己的一个心理医生朋友。这位医生说，小李的焦虑和拖延还没有到需要用药的程度。在近两个小时的心理咨询中，医生先缓和了小李焦虑紧张的情绪，再和他一起列下一个个具体的步骤。慢慢地，小李打开了心结，离开时给辅导员发了一条微信，承诺会继续努力准备接下来的比赛。

故事导读

　　该故事中的小李在参加英语辩论赛时，由于盲目自信且将目标定得不留余地，导致初赛成绩不理想，严重打击了他的自尊心和自信心，因此出现较明显的焦虑情绪，并伴随有逃避行为。案例中小李出现问题的根本原因是自我意识偏差，由一个学习事件诱发了一般心理问题。幸运的是，辅导员引导其科学地寻求心理医生的帮助，使其心理问题得到了及时的解决。由此可见，我们在生活中出现心理问题很常见，不必大惊小怪，但出现心理问题后也不能轻视，更不能放任不管，要及时寻求专业的帮助，从而恢复自己的心理平衡，保证生活、学习和工作的正常进行。

第一节　心理健康概述

一、心理健康

(一)心理健康的含义

　　心理是人脑的机能，是人们在社会实践和日常生活中对客观事物的能动反映。它表现为人们对客观事物的体验、看法、态度、倾向和相关的行为。

　　心理健康是对个体心理发展质量的评价。关于心理健康的定义，国内外组织和学者有不同的见解，以下列举几个比较有代表性的观点。

　　1946 年，第三届国际心理卫生大会认为，所谓心理健康，是指在身体、智能及情感上与他人心理健康不相矛盾的范围内，将个人心境发展为最佳的状态。1948年，世界卫生组织(WHO)将心理健康定义为人们在学习、生活和工作中的一种安宁平静的稳定状态。

　　精神病学家门林格(Karl Menninger)认为，心理健康是人们对于环境及相互间具有最高效率及快乐的适应情况。心理健康的人应能保持平静的情绪、敏锐的智能、适于社会环境的行为和愉快的气质。心理学家英格利希(H. B. English)认为，心理健康是指一种持续的心理情况，当事者在此种情况下能做良好适应，具有生命的活力，而且能充分发展其身心的潜能；这乃是一种积极的丰富情况，不仅是免于心理疾病而已。

　　我国张大均教授等人认为，心理健康的本质是一种心理状态，其内源性因素是心理素质，心理健康是心理素质健全的重要外显标志之一。[①]

　　百度百科将心理健康定义为精神、活动正常，心理素质好，突出在社交、生产、

---

　　① 张大均、王鑫强：《心理健康与心理素质的关系：内涵结构分析》，载《西南大学学报(社会科学版)》，2012(3)。

生活上能与其他人保持较好的沟通或配合，能良好地处理生活中发生的各种情况。

基于上述观点，我们认为心理健康至少包含两个方面，即内在和谐和外在和谐。内在和谐是指个体内在稳定、安宁平静、快乐满足以及自身潜力的开发；外在和谐是指个体在生活和工作中积极向上、有活力、高效，对环境的适应力强，人际交往和谐健康。因此，从总体上来说，心理健康不仅是没有疾病的状态，还包括内心的平静幸福以及对更高幸福的追求。

(二)心理健康含义的解读

对心理健康的正确理解，需要清楚地回答三个问题：第一，心理健康的本质是什么？第二，心理健康是连续的还是二分的？第三，个体的心理健康水平是固定不变的还是动态可变的？

根据现有的文献资料以及图1-1，可知以下信息。

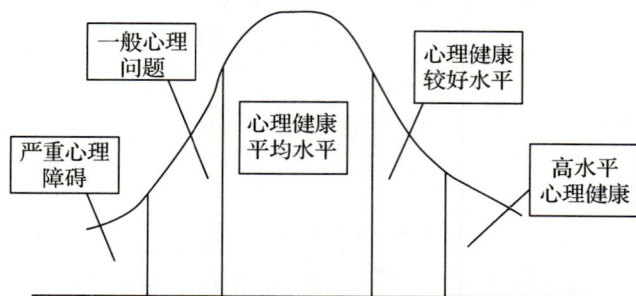

图1-1　心理健康水平正态分布曲线

第一，心理健康的本质是一种心理状态，它受到其内源性因素——心理素质的影响，同时还受外在环境及心理素质与环境交互作用后采取的具体应对方式等的影响。[1]

第二，心理健康是一个连续的状态，个体的心理健康是从极端不健康(严重心理障碍)到极端健康(高水平心理健康)之间的一个连续的状态，而非"不健康""健康"两个维度。

第三，个体的心理健康水平并非固定不变，而是一个动态变化的状态。这就类似于人的身体健康，可以从健康到不健康，也可以从不健康到健康。由此可见，个体的心理健康水平会随着个人的境遇和生活状态的变化而发生变化。

(三)心理健康的一般标准

在生活中，我们判断一个人的心理健康水平主要参考经验标准、社会适应标准、自身行为标准及统计学标准。

---

① 王鑫强、张大均：《中学生心理素质、心理韧性与心理健康关系：基于1年的追踪调查》，见《第二十届全国心理学学术会议——心理学与国民心理健康摘要集》，2017。

1. 经验标准

研究者凭借自己的经验对个体做出心理健康水平的判断，重在关注个体的主观心理感受。由于个体先天的遗传及后天的环境差异，经验标准更强调个体差异性，同样的生活事件，不同的个体由于自我认知不同，自我体验不同，其自我评价也会不同。

2. 社会适应标准

以社会中大多数人的常态为参照标准，观察个体是否适应常态而对其心理健康进行的判断。例如，大学生根据其生理、心理及社会发展状况，应当具有独立生活的能力，并能面对实际生活中的困境，如果某大学生生活能力低下，不能处理日常事务，这就可能是心理不健康的信号。

3. 自身行为标准

以每个个体在以往生活中形成的稳定行为模式作为评价标准。若个体的行为持续地偏离自己惯有的行为模式，就要引起重视了。事实上，心理健康与否的界限是相对的，企图找到绝对标准是不现实的，大学生心理健康标准的掌握同样存在这样的问题。

4. 统计学标准

统计学标准是指依据对大量正常心理特征的测量取得一个常模，把当事人的心理与常模进行比较。该标准更多地应用在心理学研究中，研究者一般要将个体的心理测验结果与常模对照，判断其心理健康状况。

(四)大学生心理健康的标准

大学生群体的特殊性让他们的心理健康有着独特的表现。以心理健康的含义为准绳，结合大学生的心理发展特点和面临的主要生活事件，可以从外部表现和内部表现两个方面概括出大学生心理健康的标准。

1. 外部表现

(1)学习方面

学习是大学生的主要生活事件。大学生思维发展水平较高，意志水平明显提升，因此，心理健康的大学生在学习方面应该表现为：能正确认识大学学习，全面地将专业学习与个人提升、个人发展、社会发展结合起来；能够积极自主地调用自身的智能进行学习，能够明确且合理地制订学习目标和计划；科学分配时间，注重对学习方法的思考，善于控制自己的学习行为，并通过自己的计划和努力获得学业上的成就感和满足感。

(2)人际方面

大学生人际交往需求强烈，交往范围较广，交往方式多样。因此，心理健康的大学生在人际交往方面应表现为：乐于与他人交往，能够灵活使用各种交往方式，与不同的人保持良好的人际关系，有少数较亲密的朋友；能客观地了解他人，真诚地赞美他人，关心他人的需要，积极有效地与他人进行沟通。

（3）适应方面

大学生心智趋于成熟，在生活和学习中会面临诸多选择和转变。心理健康的大学生在适应方面应表现为：能愉快地接纳生活和学习中的各种改变，敏锐地识别自身与环境的矛盾，并对变化和矛盾做出恰当而正确的反应，不回避，不消极，主动应对各种挑战和变化，通过合理地改变自己或改变客观现实达到自身与环境的和谐统一。

2. 内部表现

（1）情绪情感

大学生情感丰富，但不够稳定，高级社会情感发展迅速。心理健康的大学生在情绪情感方面应表现为：情绪多样化，能对客观现实做出合理的情绪反应；积极情绪多于消极情绪；有适当的情绪波动，但能及时控制和调节自己的不良情绪；能对他人的高尚品德和优异成绩表达正常的敬佩和赞赏之情，能对自己的进步和成就表现出适当的欣慰和自豪之情；有幸福感、自尊感，充满求知欲，有解决问题的热情。

（2）自我认知

大学生积极关注自我，探究自我，但在自我认知的过程中仍存在很多问题。心理健康的大学生在自我认知方面应表现为：能通过自我反思和他人评价，客观、全面地认识自己，对自己有合理的评价，不自卑、不自负、不以自己为中心；能接纳完整的自己，包括自己的优点和缺点；有恰当的理想自我，并能通过科学的手段缩小现实我和理想我的差距；能适当独立，也能适时求助他人。

（3）自我发展

大学生是一个有理想、有抱负的群体。心理健康的大学生在自我发展方面应表现为：有积极的自我意象，相信自己能够越来越好；有追求自我发展的热情和动力；有完善自己的决心和行动；能够不断地挖掘自身的潜力。

二、心理咨询

（一）心理咨询的含义及适用对象

1. 心理咨询的含义

心理咨询是由具备心理咨询理论和技术基础的专业人员对出现心理问题的个体进行帮助，从而解决心理问题，提高心理素质，促进心理健康的过程。在这个过程中，需要解决心理问题并前来寻求帮助的人称为来访者或咨客，提供帮助的咨询专家称为咨询师，两者形成的关系称为咨访关系。心理咨询的初级目标是消除来访者的心理问题，恢复其心理平衡，终极目标是帮助来访者获得新的认知方式和行为模式，达成对生命新的认识。

2. 心理咨询的适用对象

心理咨询最一般、最主要的对象是健康人群或存在一般心理问题的人群，也即心理基本正常的人群。它有别于极健康人群，也和心理治疗的主要对象有所不同。

（二）心理咨询的种类及原则

1. 心理咨询的种类

（1）根据咨询的内容，可分为发展咨询和健康咨询

发展咨询的作用是帮助人们挖掘心理潜力，提高自我认识的能力。当个体的自我认识出现偏差或障碍时，可以通过心理咨询解决。发展性心理咨询常涉及的内容包括：个人成长问题（人格发展、认知调整、情绪管理、意志训练、智力开发、成长发育、兴趣培养等）；学习问题（学习困难、考试焦虑、升学压力、专业选择等）；人际关系问题（朋友关系、同事关系、上下级关系、师生关系、亲子关系等）；婚恋家庭问题（恋爱、失恋、剩男剩女心理、婚姻经营、离婚、亲子教育等）；适应问题（升学转学、职业状态、角色转变、异地生存、亲人过世等）。

健康咨询是针对个体在生活各方面出现的心理问题，一旦个体体验到不适或痛苦，都可进行健康咨询。如焦虑、恐惧、抑郁等情绪问题，人格问题等。

（2）根据咨询的规模，可分为个体咨询与团体咨询

个体咨询是指一位咨询师对单个来访者进行咨询，形成的是一对一的关系。

团体咨询是将具有同类心理问题的来访者组成小组或较大的团体，由咨询师带领小组成员进行共同讨论并指导或矫治的咨询形式。它形成的是一对多的关系，其工作原理是咨询师借助团体成员的共同性，引导各成员获得改变的支持和力量。

（3）根据咨询采用的途径，可分为门诊咨询、电话咨询、书信咨询、专栏咨询

门诊咨询是指来访者到咨询师工作的地方寻求心理援助的咨询，可以是医院的心理门诊，也可以是个体经营的心理咨询室。

电话咨询是指通过电话建立咨访关系，帮助来访者解决心理问题的咨询。

书信咨询是指咨询师和来访者通过书信交流的形式形成咨访关系，双方在书信中寻求心理问题的解决。

专栏咨询主要是指通过报刊、广播、电视以及当下流行的自媒体等大众传媒形式，对人群中存在的典型心理问题进行解答咨询的形式。如上班族的压力问题等。

2. 心理咨询的原则

（1）自愿原则

咨询师发现有问题的个体，不得强迫其接受心理咨询，在咨询的过程中，若来访者自愿终结咨询关系，咨询师也不得干预或拒绝，即全程遵循来访者的自主意愿。

（2）理解支持原则

咨询师应通过合理的倾听、准确的情感反应、理解性的认同以及适当的保证等技巧，为来访者提供必要的心理支持，建立良好的咨访关系。

（3）保密原则与保密例外

首先，咨询师要向来访者说明咨询工作的保密原则，以及应用这一原则的限度。

其次，咨询师要严格遵循保密原则，未经来访者许可，不得泄露心理咨询工作中的任何个人信息，包括个案纪录、评估资料、信件、录音、录像和其他相关资料。再次，来访者的咨询信息需在严格保密的情况下，作为档案及时送档案室进行保存，除了咨询师和档案管理员以外，其他任何人都无权查看档案。最后，咨询师若要对咨询过程进行录音、录像，必须征得来访者的同意；因专业需要进行案例讨论、教学引用和科研写作时，应隐去相关信息，以保障来访者不被识别出来。

与保密原则相对的是保密例外。保密例外至少包含三种情况：一是已经获得来访者的披露信息授权，咨询师可按约定范围使用该授权；二是法律要求咨询师披露的相关信息，职业规范不能对抗法律规定；三是来访者有危害社会及他人倾向的信息，如杀人事实、谋杀计划、自杀计划、虐待老人和儿童以及其他重大犯罪行为的，咨询师必须向公安部门或者检察机关报告，这是每个公民的法定义务，咨询师也不能例外。

（4）耐心倾听和细致询问原则

在心理咨询的过程中，咨询师不能表现出不耐烦的情绪，不能出现叹气、无关的小动作、目视他物或随意打断来访者的表达等行为，应该耐心启发并引导来访者倾诉其心理问题，听取其诉说，以帮助来访者放松情绪，面对自己的问题，解除心理负担。

（5）非指导性原则

咨询师和来访者要建立真诚的咨访关系，在此基础上，咨询师启发和鼓励来访者发挥其主观能动性，积极自主地探寻解决问题的办法，即助人自助。咨询师不能对来访者的咨询问题做出直接的建议、安排或指示，即咨询师的角色是启发者、激励者，而不是问题解决者。

（三）心理咨询的一般流程

通常来说，心理咨询是来访者就自身存在的心理不适或心理障碍，通过语言文字等交流媒介，向咨询师进行述说、询问与商讨，在其支持和帮助下，通过共同的讨论找出引起心理问题的原因，分析问题的症结，进而寻求解决问题的条件和策略，以便恢复其心理平衡、提高对环境的适应能力，从而增进来访者的身心健康。咨询前的一般流程是：选择咨询师→预约时间、地点、方式→咨询中心安排并回复→咨询开始。咨询开始后的流程一般包括以下五个步骤。

1. 初诊接待

初诊接待一般只需要 10 分钟左右。主要工作是了解来访者的具体问题，并确定该问题是否符合心理咨询的范畴，以及咨询师自身是否具备为来访者提供专业帮助的能力。这个过程可以在来访者电话预约的时候进行，也可以在来访者亲自到咨询机构求助时进行。

2. 心理诊断

心理诊断一般以谈话的形式进行，通常还会辅以咨询师的观察以及心理测验等方式，需要 1 次到数次谈话才能完成。主要工作是对来访者的心理问题类型和严重程度进行全面的了解、分析和判断，以便得出心理问题的诊断结果，为下一阶段的工作做准备。

3. 商讨咨询方案

在心理咨询的过程中，咨询方案不是由咨询师单方面制定的，而是咨询师和来访者共同商讨决定的。这个过程一般需要 15～30 分钟。主要工作是双方就解决问题所需要用到的心理咨询技术和方法，心理咨询的时间、周期、场地、费用等问题进行协商。如果能达成一致，就进入实施心理咨询阶段；如果不能达成一致，咨询活动就此终止。

4. 实施心理咨询

实施心理咨询是心理咨询的中心环节，这是在咨询师与来访者就咨询的一系列问题达成共识的情况下进行的专业性咨询谈话。该阶段所需要的时间不固定，往往与来访者问题的类型及严重程度、咨询技术以及来访者的配合情况有关。

5. 结束咨询

在咨询目标达成或者来访者自愿终止咨询的情况下咨询即告结束。前者是正常地结束咨询，后者是非正常地结束咨询。若是正常地结束咨询，一般在结束的时候咨询师会和来访者一起对咨询效果进行评估，并在咨询结束后的一段时间里，主动了解来访者的改善情况。若是非正常地结束咨询，则咨询师不再追问来访者相关问题。

(四)心理咨询过程中需要注意的问题

1. 资费情况

通常情况下，心理咨询是需要付费的，不同城市、不同级别的咨询师收费均不一样，目前我国还没有统一的收费标准。对咨询过程收费，一方面可以更有效地促进来访者产生更强的动机配合咨询，激发自身的潜力去解决问题；另一方面是对咨询师所付出劳动的尊重和合理回报，同时也是对咨询师职业道德的约束。但一般而言，学校心理咨询中心面向学生开展的各种咨询活动是免费的。

2. 咨询疗程

咨询疗程是指心理咨询的总时间。通常是指第一次会谈至咨询目标实现所持续的时间长度。短则数十次，长则几年。这主要取决于来访者的心理困难程度、商定的咨询目标及咨询师的咨询技术三个方面。心理咨询的单次时间通常为 50 分钟，一方面，50 分钟是人能够集中注意力的上限，可用于保证咨询工作的效果；另一方面也能保证咨询师完整地对咨询过程进行整理和记录。

3. 咨询频率

咨询频率没有固定的标准，通常个体心理咨询一周会谈 1 次，每周在固定的时间进行。经典精神分析可能会一周进行 3～5 次。团体咨询通常是一周 1 次。家庭咨询的频率可能会低一点，可以一周、两周甚至一个月 1 次。

三、心理治疗

(一)心理治疗的含义及适用对象

1. 心理治疗的含义

心理治疗是由受过专门训练的治疗师，借助科学的理论指导和合理的方法，必要时候辅以药物治疗，帮助心理疾病患者解决或缓解心理与行为障碍问题，以促进其人格健康发展的过程。

2. 心理治疗的适用对象

心理治疗的适用对象是心理疾病患者或者行为问题患者，主要包括以下几种。

①综合性医院的相关患者，如存在严重焦虑、抑郁反应的急性疾病患者。

②精神科及相关患者，包括各类神经症性障碍、恢复期精神分裂症患者等，这是心理治疗在临床医学中应用较早的领域。

③各类行为问题患者，包括性行为障碍、人格障碍、过食与肥胖、成瘾行为、口吃、遗尿、儿童行为障碍等患者。

④社会适应不良患者，包括各类适应困难者，可使用某些心理疗法如支持疗法、应对技巧训练、松弛训练等对患者的适应不良进行矫正。

(二)心理咨询与心理治疗的关系

1. 区别

(1)服务对象和任务不同

心理咨询的服务对象是心理基本正常但同时因为一些生活事件导致其心理出现了一定程度不平衡的个体，来访者主要表现为程度较轻的痛苦、抑郁、焦虑、退缩等；心理咨询的任务主要是促进来访者的健康成长和发展，为其正常发展消除心理困惑。心理治疗的服务对象是心理异常的患者，其表现为心理、行为障碍和疾病，程度较重；心理治疗的目的是弥补患者已经受到的损害。

(2)解决问题的层次不同

心理咨询主要涉及有关就业、学习、工作、生活、交友等方面的问题，通过改变来访者的认知，使其能正确地面对现实，是在意识层面进行的；而心理治疗则涉及内在的人格问题，重在人格的解构与重构，更多地是在无意识层面进行。

2. 联系

心理咨询和心理治疗都是为帮助来访者解决心理问题，是同一服务过程的不同阶段，甚至可以同时交替使用，有时很难区分。心理咨询过程中有时需要采用心理治疗的技术，特别是严重的心理不适应、焦虑不安，需要催眠、音乐疗法等的配合使用；心理治疗之后，又往往需要心理咨询对疗效进行辅助和巩固。

(三)心理治疗的一般流程

心理治疗是一个目标明确的过程，由不同的阶段和步骤组成，各阶段相互重叠、相互关联，是一个完整的统一体。其一般包括心理诊断、实施治疗以及结束治疗三个阶段。

1. 心理诊断

这个阶段的主要任务是：收集患者的基本背景资料，认清其存在的主要问题，并建立良好的医疗关系，制定治疗目标。这是一个准备阶段，也是确立医疗关系的重要阶段。

2. 实施治疗

这是治疗的主要阶段，直接决定治疗的效果，在这一阶段运用何种方法，使患者产生何种变化，完全与患者及其所面对的问题相关。此外，该阶段会涉及多种治疗方法和技巧的运用，由于治疗方式方法不同，实施步骤也不同。

3. 结束治疗

心理治疗实施一段时间，取得满意的治疗效果后，就可以结束治疗。

第二节 大学生的心理健康

大学生正处在人生的特殊阶段，学业上，从紧张的中学阶段来到了相对轻松的大学阶段，中学的学习目标明确且单一，很多人学习就是为了考大学，大学学习目标很模糊且不确定，许多大学生都不清楚大学学习到底是为什么以及该怎么学；生活上，从被家人无微不至地关怀照顾转到了需要自己照料自己的阶段，一部分缺乏生活自理和自立能力的大学生就会出现适应不良的状况；人际上，从以家庭关系为主的阶段来到了以同学关系为主的阶段，事实表明，相当一部分大学生在处理宿舍关系、同学关系以及情侣关系方面存在明显的问题。正是因为大学生处在这样一个特殊的人生阶段，决定了他们在心理发展方面有着独特的表现。同时，因为大学生面临诸多的转变，加之自身对抗变化的能力较弱，因此，大学生的心理更容易出现问题。

一、大学生心理发展的特点

(一)自我意识增强，但发展不成熟

自我意识是指个体对自己、对自己与他人及社会关系的认识。大学生是同龄青年中的佼佼者，一般都具有较强的自信心、自尊心。他们希望自己的聪明才智能够得到社会的承认和关注，期待社会把他们看作成熟的一员，得到他人的尊重。他们不喜欢别人指手画脚、干涉指责，或者继续把他们当未成年人看待，这种表现是大学生自我意识进一步增强、个体进一步成熟的反映。

但由于自身社会生活的知识、能力和经验相对不足，大学生中的相当一部分还

不善于正确处理自我完善与社会发展需要的关系，还没有做好立足现实、长期艰苦奋斗的心理准备。因此，在寻找自我时，有时会迷失前进的方向；有时可能由于过于张扬自我而忘了尊重和理解其他同学；有时在过于强调自我时忽略了别人的意见；有时在遭遇挫折和失败时会过分夸大自身的缺点，产生自卑情绪，在消沉中萎靡不振，甚至出现失控行为，做出不理智的事情。由此可见，大学生自我意识的发展状况充分地反映出他们正处于迅速走向成熟但并未完全成熟的心理特点。

(二)思维发展迅速，但具有片面性

进入大学阶段，大学生的抽象逻辑思维获得了迅速发展，并逐渐在思维活动中占据主导地位。在思考问题时，大学生不再满足一般的现象罗列和获得现成的答案，而是力求自己能够深入地探讨事物的本质和规律。他们思维的独立性、批判性和创造性有所增强，主张独立发现问题和解决自己认为需要解决的问题，喜欢用批判的眼光对待周围的一切，不愿意沿着别人提供的思路去思考和解决问题，其思维的辩证性日益提高。

但是，大学生抽象逻辑思维水平并没有达到完全成熟的程度，主要表现在思维品质发展不平衡，思维的广阔性、深刻性和敏感性发展比较慢。由于个人阅历浅、社会经验不足，看问题时容易钻"牛角尖"，掺杂个人的情感色彩，缺乏深思熟虑，往往有偏激、过分自信和固执己见的倾向。尤其是不太善于运用辩证的观点和理论联系实际的观点指导自己的认识活动，因此常常把社会问题看得过于简单而陷入主观、片面和"想当然"的境地。

(三)情感丰富，但波动较大

随着对校园生活的深入熟悉，大学生的社会性需要增多，感情也日益强烈且逐渐发展完善。这种强烈的情感不仅表现在学习和工作中，也体现在对待家长、同学和老师的态度等方面，更重要的是这种情感还具有明显的时代性、社会性。同时，大学生控制情绪的能力也在不断变强，大多数人的内心体验逐渐趋于平稳。

但是，如果受到内心需要和外界环境的强烈刺激，其情绪容易产生较大波动而表现出两极性，既可能在短时间内从高度的振奋变得十分消沉，又可能由冷漠突然转变为狂热。这种情况使一些大学生陷入理智与情感的矛盾和冲突中，感到十分苦恼。

(四)意志水平明显提高，但不平衡、不稳定

大学生没有来自家长的升学压力，在开放和多元的大学校园中，许多大学生开始思考自己的现在和未来，明白了梦想要靠大学里的积累去实现，他们斗志昂扬、乐此不疲地尝试着各种可能。

生活中的各个目标让他们逐渐学会选择、克制和坚持，这个过程会很好地锻炼大学生的意志力。大多数大学生已能逐步自觉地确定自己的奋斗目标，并根据目标制订实施计划，排除内外障碍和困难去努力实现目标，其意志的自觉性、坚韧性都

有了较大发展，但意志的果断性和自制性品质的发展相对缓慢一些。这主要表现在，大学生能独立迅速地处理好一般的学习和生活问题，但在处理重要问题或采取重大行动时往往表现出优柔寡断、动摇不定或草率武断、盲目从众的心态。

（五）智力发展水平达到高峰，社会实践需求迫切

大学生一般思维敏捷，接受能力强，通过专业的训练和系统的学习能充分发展抽象逻辑思维能力，大大提高智力水平，分析和解决问题的能力迅速增强。大学生在校园里生活的时间比更早进入社会的同龄人长，这使得他们与社会有一定的距离。也正因为如此，他们进入社会的愿望更为迫切。

在校园里，他们关注社会，评判各种社会现象，并希望自己能参与其中，按照自己的想法去解决社会实际问题，用自己的专业知识服务于社会，实现自身的价值。这种迫切的社会需求与大学生正在形成的价值观相互作用，是将来他们走向社会的重要心理依据。

二、大学生心理健康的现状

大学阶段是青年人人生发展的关键时期。大学生是文化层次较高的群体，他们理性、敏感、激情，更富有创造性和挑战性。但是面对瞬息万变的社会、日趋激烈的竞争，以及来自学习、就业、经济和情感等诸多方面的问题，他们往往不知所措，容易产生各种心理问题。

近年来，许多学者采取各种方法对大学生的心理健康状况进行调查研究，结果表明，我国当代大学生的心理健康状况不尽如人意，而且有相当数量的在校大学生存在不同程度的心理健康问题，有的甚至发展为非常严重的心理障碍和行为问题。大学生的心理问题小到因为人际关系、学业成就、个人发展等生活事件产生焦躁、痛苦的心理体验；大到因为心理扭曲而产生伤人或自伤的偏激行为，如2015年大学生吴谢宇弑母案，以及在校大学生跳楼事件等。这些事件引起了社会各界对当代大学生心理健康问题的广泛关注。这些问题的出现对构建和谐社会产生了严重的不良影响，对我国高等教育提出了更加严峻的考验。

三、大学生常见的心理问题

（一）环境适应性问题——大学不是人间天堂

大学生步入大学之后，首先面临的是环境的变化。离开了熟悉的家长、同学、朋友和老师，面对新的集体、新的生活方式和学习形式，许多大学生会发现现实中的大学生活与之前预期的大学生活存在较大的差距，如学习困难、对专业不满意、独立生活能力差、地区差异、目标丧失……会产生失落心理甚至孤独感、空洞感。由于个体适应能力的差异，其中一些大学新生会出现对这一系列变化的长期不适应，进而产

大学生
心理问题自述

生情绪低落，出现一系列的心理问题。

(二)自我意识的模糊与困惑——我怎么处处不如人

大学生的自我意识逐渐增强，但在相当长的时间内，他们没有形成关于自己的稳固形象，自我意识还不够稳定，看问题往往片面、主观，加上心理的易损性，一旦遇上暂时的挫折和失败，往往灰心丧气、怯懦自卑。而且大学新生对于周围人给予的评价非常敏感，哪怕一句随便的评价，都会引起他们很大的情绪波动和应激反应，以至于自我评价发生动摇。

(三)情绪不稳定——我的情绪谁掌控

大学生的情绪处于"狂风暴雨时期"，由于阅历较浅，社会经验不足，对人生和社会问题的看法往往飘忽不定，加之没有经历过太多的人生坎坷，误把生活小事看作天大的事情，容易出现较大的情绪波动，有时会因为一点小小的胜利而沾沾自喜、自命不凡，也会因为一次小考失利或者感情波折而一蹶不振。总体而言，大学生对情绪的自我控制和调适能力较低，常表现出个体的行为被自己的情绪左右。

(四)人际交往困难——心里的话向谁说

大学生在人际交往方面的困惑主要表现为不会交往和不愿意交往两个方面。不会交往是指一些大学生缺乏恰当的交往技巧，有的大学生在主动与他人交往过程中，难免发生一些摩擦、冲突和情感损伤，这就引起他们的孤独感，从而产生压抑和焦虑情绪；还有一部分大学生处于一种想要交往却又害怕交往的矛盾之中，有交往的需求却得不到满足，就会产生孤独、自卑甚至无助的心理感受。不愿意交往是指一些大学生因为性格问题而不愿意主动与他人交往，他们习惯独来独往，不与他人接触，表面看起来独立自我、潇洒干脆，但实际上他们也有强烈的被他人接纳和关注的渴望，如果这种渴望得不到满足，久而久之就会产生一种受冷落感，甚至导致性格孤僻。

(五)学习问题——想说爱你不容易

走进大学，学习依然是学生的首要任务，也是大学生活中的主要内容。但是大学的学习生活相对于中学自由很多，很多学生产生了松懈的念头，虽期望自己的学习成绩优秀，但又缺乏行动力。这是由于大学的学习更需要学生的自觉性，而许多学生在中小学期间已经习惯了被家长和老师管束，丧失了自我管理和自主学习的能力，到了大学，没有家长和老师严厉管束的学习生活反而让他们不知所措。学习上的自由虽让大学生有暂时的喜悦，但时间长了，很多人都会有学而不获的无助感和学不得法的无力感。少数大学生存在学习困难，如上课注意力无法集中、学习效率低下，导致学习成绩不理想、学习成就感低。

(六)情感问题——大学里的"必修课"还是"选修课"

大学校园的恋爱已是公开的秘密，部分大学生还没来得及端正自己的恋爱动机就匆匆加入"恋爱族"，把恋爱当作大学的"必修课"。由于对爱情缺乏正确的理解，他们往往饱受恋爱挫折甚至失恋之苦，加之大学生的自我调适能力较弱，轻者陷入情感的旋涡难以自拔，重者则会痛不欲生，寻死觅活，更有甚者导致精神失常、自杀等严重后果。

（七）就业问题——无处安放的未来

随着高等教育就业制度改革的不断深入，一方面市场带给大学生更多的择业机遇和更大的就业自由；但另一方面也增加了择业难度，加重了大学生的行为责任和心理压力，毕业生自身的素质、专业等因素也制约着择业的自主权。对于少数大学生来说，毕业甚至意味着失业。一些大学生因专业、兴趣、就业目的、性格特点之间的相互冲突，产生了矛盾心理。恐惧、焦虑、烦躁打破了他们的心理平衡，使他们对生活缺乏信心、对前途失去希望、对环境无能为力。

四、影响大学生心理健康的因素

近年来大学生心理健康问题日益突出，主要表现为抑郁、焦虑、强迫、缺乏自信、人际关系敏感等。大学生产生各种各样的心理问题是外在因素与内在因素交互作用的结果。

（一）外在因素

影响大学生心理健康的外在因素包括社会因素、学校因素和家庭因素。

1. 社会因素

随着社会的发展、现代化程度的提高，人们的心理困扰日益加剧，心理疾患发病率随之上升，这几乎是各个国家在现代化过程中都难以避免的现象。当前我国正处于社会转型期，发生的各种变化必然会对大学生产生较大的冲击，给大学生适应社会带来更大的挑战。正确的社会舆论、良好的社会风气有利于大学生的心理健康成长，反之就会对大学生的心理健康成长造成不良影响。如当下盛行的"网红"容易让大学生变得急功近利，产生虚假的自我意向。

2. 学校因素

（1）环境和角色变化的影响

进入大学后，依赖性和独立性的反差与矛盾造成了大学生对以往生活方式的怀念，对新的生活方式感到难以适应，容易滋生孤独情绪、怀旧情绪和对陌生环境、新生事物的紧张情绪。

（2）教育理念的影响

很多高校仍习惯于把知识教育、专业教育放在首要位置，忽视了大学生综合素质的培养，导致许多大学生一心扑在学习上，两耳不闻窗外事，不屑于参加集体活动，处理事务以及合作的实践能力得不到锻炼，缺乏成就感和幸福感。

（3）人际关系氛围的影响

亲密、融洽的关系可以使人心情愉快、舒畅，从而促进学习、提高工作效率，让生活更轻松如意。但是由于人际交往技巧相对缺乏，部分大学生会陷入疏远、冷淡的关系中，从而产生紧张情绪，使心情不愉快，甚至有可能产生敌意、憎恶的态度，继而导致攻击性行为，有损身心健康。

3. 家庭因素

家庭是个人成长的第一个环境，父母是孩子的第一任老师。家庭对孩子的心理健康有着潜移默化的影响。在人的早期发展中，父母的爱、支持和鼓励容易使孩子建立起对初始接触者的信任感，而这种信任感和安全感的建立保证了孩子成年后与他人的顺利交往。反之，孩子会难以与他人进行正常的沟通，缺乏安全感，形成孤僻的性格，阻碍心理健康发展，抑制自身潜能的发挥。

父母对孩子的教养方式也直接影响大学生的心理健康水平。在中国，父母对孩子的期望值很高，常常采取过分保护或过分严厉的教养方式，使孩子承担过大的心理压力，或产生依赖、被动、胆怯等不良心理倾向。他们难以客观地评价自己，关注自我过多，关心他人过少，无法有效地解决大学生活中遇到的实际问题，进而演化成各种心理问题。

(二)内在因素

内在因素是指个体自身的因素，主要包括生理因素和心理因素两个方面。

个体的生理特点，尤其是大脑与神经系统的解剖生理特点，是人心理活动的物质基础。大学生在成长过程中，父母的遗传、病菌病毒感染、大脑外伤或化学中毒及某些严重的躯体疾病都会对其心理健康发展造成极大的影响。个体心理因素是影响和制约大学生心理健康的主要原因，具体包括个性缺陷、自我认识偏差、心理素质脆弱三个方面。大学生虽然生理上已经是一个成熟的个体，但是心理上还存在幼稚的倾向，遇到无法应对的问题时往往会产生不良的情绪反应，严重的可能会引发过激行为。

第三节　大学生心理健康教育的途径和意义

习近平总书记在二十大报告中指出，增进民生福祉，提高人民生活品质，要推进健康中国建设，要把保障人民健康放在优先发展的战略位置，完善人民健康促进政策。其中，专门提到了要重视心理健康和精神卫生。要深入开展健康中国行动和爱国卫生运动，倡导文明健康生活方式。这奠定了大学生心理健康教育的战略性地位。当前，大学生的心理健康问题以及针对这些问题的教育方法的研究已经引起了全国高校的广泛关注。我国大学生的心理健康教育起步较晚，经历了一个由认知到重视再到加强的过程。自20世纪90年代起，我国开始重视大学生的心理健康教育工作，许多专家学者围绕这一课题展开研究，提出了许多实施方法，教育工作者也在对大学生进行心理健康教育的方法上做了有益的尝试。由此可见，人们都意识到了对大学生进行心理健康教育的必要性和重要性。

一、大学生心理健康教育的途径

(一)开设"以生为本"的大学生心理健康教育课程，传授心理健康知识

习近平总书记在二十大报告中强调，要坚持人才是第一资源，深入实施人才强国战略；要坚持教育优先发展，坚持为党育人、为国育才，全面提高人才自主培养质量，着力造就拔尖创新人才，聚天下英才而用之。这一方面充分说明了教育在人才培养中的绝对地位，另一方面说明了教育中"以生为本"的重要性。高校开设的大学生心理健康教育课程需由专业的心理健康团队教师讲授，在课堂教学中教师应通过各种有效手段，利用多媒体教学、翻转课堂等方式，较系统地阐述心理健康对大学生成长与成才的现实意义和深远影响，讲授增进大学生心理健康的有效途径，传播自我调适和消除心理困扰的方法。

在课后答疑的时候要充分研究和理解大学生的特点与需要，根据大学生群体的心理发展特点和个体的特殊心理问题，有针对性地展开心理健康教育工作，充分尊重每一个学生的个性，鼓励、支持和指导学生的个性发展。

(二)注重渗透教育，强调环境育人

将心理健康教育渗透到各个学科教学中是现代学科教学理论与实践发展的内在要求，也是培养学生核心素养的基本要求。渗透教学能够形成教育合力，因此，各学科教师要善于发现并利用学科知识中有关心理教育的具体内容，适时地对学生进行心理辅导，使学生在潜移默化中培养良好的心理品质和健全的人格。

环境对人有着潜移默化的影响，高校必须有意识地在校园物质环境和心理环境上下功夫，为大学生营造积极健康的育人环境。例如，可利用校园涂鸦传递人生正能量，通过组织体育活动、读书分享会等增进学生间的沟通和交流。

(三)做好心理辅导和心理咨询工作，提供高质量的个别指导

学校心理咨询中心要根据学生的不同情况，有针对性地开展个别咨询和团体辅导。在心理咨询中用爱心、关心和责任心认真接待每一位来访学生，提供及时、有效、高质量的心理健康指导与服务，帮助大学生处理好环境适应不良、自我管理困惑、人际交往障碍、交友恋爱挫折、考试紧张焦虑、求职择业矛盾、人格发展缺陷、情绪调节失衡等问题，提高心理健康水平，使大学生能够认识自我、接纳自我、完善自我，开发潜能，健康发展。

(四)坚持自我教育，不断探索和完善自我

加强大学生心理健康教育，不仅要重视外因的作用，更要重视调动大学生的内在动力。大学生作为有较强学习能力的个体，应该充分发挥自我教育的作用，通过阅读书籍、观看影片、网络学习、交流观点等途径，一方面不断扩充自己的心理健

康知识储备，另一方面对自己的人格、情绪、能力、自我意识等进行客观评价，在此基础上，进一步增强自身的心理素质，从而获得良好的心理健康水平。

二、大学生心理健康教育的意义

习近平总书记指出："人民健康是社会文明进步的基础。拥有健康的人民意味着拥有更强大的综合国力和可持续发展能力。"大学生作为建设中国的主力军，拥有健康的心理和体魄是保证我国可持续良性发展的根本基础，因此，对大学生开展心理健康教育意义重大。

(一)拥有正确的健康意识，能够识别心理问题并实施自助行为

大学生通过系统的、科学的心理健康教育，就能够拥有正确的健康意识，摒弃错误的健康观念。例如，有的大学生在接受心理健康教育之前，会认为找咨询师的人都是心理有病的人，因此，不仅自己忌讳去找咨询师，更对那些求助心理咨询的同学疏而远之，但通过咨询师的专业讲解，他们就会意识到，生活中每个人都可能会出现心理问题，就像我们的身体会时不时地出现问题一样，当心理出现问题而自己又无法解决的时候，寻求咨询师的专业帮助是最明智又有效的手段，就像生病了我们会去寻求医生的帮助一样具有合理性。因此，通过心理健康教育，大学生对心理咨询就会有一个科学的认识，并且能够在需要的时候选择咨询师的专业帮助，这对于维护大学生的心理健康具有积极的意义。

大学生对常见的心理健康问题行为表现有一个全面系统的认识，有助于他们较准确地对自己和他人的心理问题进行判断和及时矫正，防止问题严重化。

(二)增强心理素质，正确应对心理问题

心理素质是相对稳定的心理品质系统，与心理健康存在一种"本"与"标"的关系，具有品质与状态的本质区别。因此，要提升大学生的心理健康水平，其根本手段是增强大学生的心理素质。对大学生进行多途径的心理健康教育，能够在一定程度上增强大学生的心理素质，有助于大学生正确应对生活、学习和人际交往中出现的种种心理问题，同时也能较好地抵抗各种挫折和压力，积极挖掘自身的潜力。

(三)构建积极心理，自尊自信、理性平和

心理健康教育不仅仅是应对心理问题的教育，更是传递积极理念和态度的教育。因此，对大学生进行心理健康教育，有助于其获得积极的心理，从而调动个体的主观能动性，对"幸福"有更执着的理解和追求。在这个过程中，大学生会更加注重内修，使自己不断成为一个自尊自信、理性平和的人。

心理实验室

1900年7月，一位叫林德曼的精神病学家独自驾着一叶小舟驶进了波涛汹涌的大西洋，他在进行一项历史上从未有过的心理学实验，预备付出的代价是自己的生命。

林德曼博士认为，一个人只要对自己抱有信心，就能保持精神和机体的健康。当时，德国举国上下都在注视着独舟横渡大西洋的悲壮冒险。先后已经有100多位勇士相继驾舟横渡大西洋，结果均遭失败，无人生还。林德曼博士认为，这些死难者不是从肉体上败下阵来的，而主要是死于精神上的崩溃，死于恐怖和绝望。为了验证自己的假设，他不顾亲友们的反对，亲自进行了实验。

在航行中，林德曼博士遇到了难以想象的困难，多次濒临死亡，他的眼前甚至出现了幻觉，运动感也处于麻木状态，有时真的有绝望之感。但只要这个念头一升起，他马上就大声自责："懦夫，你想重蹈覆辙，葬身此地吗?""不，我一定能够成功!"生的希望支撑着林德曼，最后他终于成功了。他在回顾成功的体会时说："我从内心深处相信一定会成功，这个信念在艰难中与我自身融为一体，它充满了我的每一个细胞。"

林德曼的实验表明，人只要对自己不失望，充满信心，精神就不会崩溃，就有可能战胜困难而存活下来，并取得成功。心理学家从大量的观察事实中发现：在危险的情境中，经常是那些性格乐观、充满自信的人存活下来，因为他们总是没有泯灭自己的希望。这应该就是心理学存在的最大意义。

体验活动

分享1~2个自己或者身边同学的心理健康问题案例，包括心理问题类型、行为表现及其原因，并给出相应的解决方案。

心理问题类型：_____

行为表现：_____

原因分析：_____

解决方案：_____

课堂演习

小张进入大学后，由于对新环境不适应，学习没有明确的目标，学习方法不得当，导致学习效率低下，加之性格内向，导致其人际关系紧张。所有的一切让小张陷入了深深的痛苦之中，但又不知道该怎么改善这种状态，请你结合你的经验和本章所学内容，给小张提供一些可行的建议。

_____

_____

推荐资源

[1]陈忠：《学生心理健康与社会适应(第2版)》，北京，教育科学出版社，2015。

[2][美]科里(Gerald Corey)：《心理咨询与治疗的理论及实践(第8版)》，谭晨译，北京，中国轻工业出版社，2010。

[3]傅小兰、张侃、陈雪峰等：《心理健康蓝皮书：中国国民心理健康发展报告（2017—2018）》，北京，社会科学文献出版社，2019。

第二章　认识自我，管理自我

1. 理解自我意识的含义和结构。

2. 熟悉大学生常见自我意识偏差的表现，并能审视自我意识。

3. 能辩证地认识自己，掌握管理自我和完善自我的方法和途径。

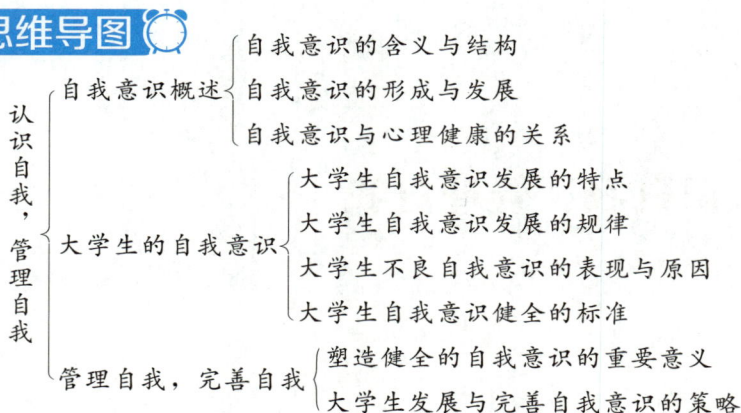

思维导图

认识自我，管理自我
- 自我意识概述
  - 自我意识的含义与结构
  - 自我意识的形成与发展
  - 自我意识与心理健康的关系
- 大学生的自我意识
  - 大学生自我意识发展的特点
  - 大学生自我意识发展的规律
  - 大学生不良自我意识的表现与原因
  - 大学生自我意识健全的标准
- 管理自我，完善自我
  - 塑造健全的自我意识的重要意义
  - 大学生发展与完善自我意识的策略

身边的故事

自卑让农村大学生的青春失色①

来自农村的小叶之前怎么也没想到自己会考取一所艺术高校，自己毫无特长，只因为老师的鼓励，高考前参加了编剧专业的提前面试。因为良好的写作功底，她成功地拿到了专业合格证。

虽然报志愿之前，父母和哥哥都不太同意，但小叶还是想挑战一下。家人努力帮她支付了学费，至于生活费，小叶决心靠自己的双手来赚。

进入大学之后，学校里的文化氛围让小叶高兴不已，但又常常让她自卑低落。同学们大都家境良好，吃穿不愁，只有小叶需要打工。一到周末和假期，同学们叽叽喳喳商量去哪儿玩的时候，小叶就会悄悄躲在一旁，尽量不开口，因为她根本没有时间去玩，除了学习就只有打工。

慢慢地，有些同学也会想着帮助她，送她一些衣服、生活必需品之类的东西。但小叶觉得这是一种施舍，总是不太领情，好像一只小刺猬，竖起了自己尖尖的长刺，对企图帮助她的同学轻轻一刺。小叶自己的心里也不好受，但她也无法控制自己的想法和行为。时间长了，小叶感觉到周围同学看自己的眼光不太一样了，她越来越逃避和同学们的接触，更加不愿意参加集体活动，尤其不会和男生主动交流。

故事导读

大学是一座纯净的象牙塔，同时也是社会的缩影，许多从农村考来城市的大学生在学校里努力学习，丰富着自己，但不免会有一些人像小叶一样，出现自卑、低

---

① 《为什么大学拯救不了农村大学生的自卑》，http://country.cnr.cn/gundong/20160503/t20160503_522055442.shtml，2019-11-10。引用时有改动。

落等情绪，影响了本该青春飞扬的时光。案例中的小叶由于家庭经济困难，产生了强烈的自尊心和自卑感之间的矛盾，让自己陷入了痛苦与无助的境地，进而产生了中伤同学和疏远同学的行为。这些都是自我意识方面的问题表现。

第一节　自我意识概述

一、自我意识的含义与结构

(一)自我意识的含义

自我意识是对自己身心活动的觉察，即自己对自己的认识。具体包括：对自己生理状况的认识(如身高、体重、体态等)，对自己心理特征的认识(如兴趣、能力、气质、性格等)，以及对自己与他人关系的认识(如自己与周围人的关系，自己在集体中的位置与作用等)。

(二)自我意识的结构

自我意识是个体意识发展的高级阶段，是一个包含认知、情感、意志等多种心理功能的多维度、多层次的完整心理系统。依据不同的标准，自我意识由不同的结构组成。

1. 根据意识活动的形式分类

从意识活动的形式来看，自我意识由自我认识、自我体验和自我调节三个子系统构成。

(1)自我认识

自我认识是自我意识的认知成分，是指个体对自己身心状态及社会关系的认识。它又包括自我感觉、自我概念、自我观察、自我分析和自我评价。自我感觉是对自己的感性认识，是在没有严谨论证情况下得出来的对自己的评价和判断。自我概念是对自己的能力、习惯、思想、观点等的亲身体验，这种体验是通过自我感觉与反省、他人评价、社会比较等手段形成的，它强调的是自我认识所形成的一种状态。自我观察是将自己作为观察对象，从而认识与自己相关的一切信息，强调的是自我认识的过程。自我分析是在自我观察的基础上对自身状况的反思。自我评价是对自己能力、品德、行为等方面社会价值的评估，它最能代表一个人自我认识的水平。例如："我总能及时、高质量地完成老师布置的任务，每次都会受到老师的肯定和赞扬，因此我认为我对任务的理解能力和执行能力是比较强的。"这就属于"我"对自己执行任务的能力的认识。

(2)自我体验

自我体验属于自我意识的情感成分，是主体在认识自身的基础上引发的内心情感体验，是主观我对客观我所持有的一种态度，如自信、自卑、自尊、自满、内疚、羞耻等。自我体验往往与自我分析、自我评价有关，也和自己对社会规范、价值标准的认识有关。恰当的自我体验有助于自我调节的发展。例如："我认为我在人际交往中游刃有余，我真诚、善良、乐观，大家都很喜欢我，因此我对我的人际交往非常满意，人际交往让我变得很自信。"这里的"满意""自信"，就是在"我"对自己人际交往认识基础上所产生的情感体验。

（3）自我调节

自我调节也称为自我调控或自我监控，它是自我意识的意志成分。自我调节主要表现为个人对自己的行为、活动和态度的调控。它包括自我检查、自我监督、自我控制等。自我检查是主体在头脑中将自己的活动结果与活动目的加以比较、对照的过程。自我监督是一个人以其良心或内在的行为准则对自己的言行实行监督的过程。自我控制是主体对自身心理与行为的主动掌控。自我调节是自我意识直接作用于个体行为的环节，它是一个人自我教育、自我发展的重要机制，自我调节的实现是自我意识能动性的表现。自我调节的表现形式多种多样，主要包括启动有意义的、好的行为，抑制无意义的、不好的行为。例如："马上要期末考试了，我意识到自己还没有准备好，因此我戒掉了喜欢的韩剧和游戏，专心致志地进行考前复习。"这里的"戒掉了喜欢的韩剧和游戏，专心致志地进行考前复习"分别对应着自我控制中的抑制行为和启动行为。

2. 根据意识活动的内容分类

从意识活动的内容来看，自我意识又可以分为生理自我、心理自我和社会自我。

（1）生理自我

生理自我是自我意识最原始的形态，是个体对自己身体状态的认知，如性别、年龄、容貌、身材、肤色、健康状况等。个体对生理自我的认识往往会伴随自豪或自卑的情绪体验，同时在行为上表现为追求外在美，对所有物的占用、支配与爱护等。生理自我是个体形成自我体验的最基本动因。

（2）心理自我

心理自我是个体对自己心理特质的认识，具体而言，包括对自己的能力、性格、气质、兴趣、信念、世界观等的认识。例如，有的大学生认为自己性格温顺，有时候会受到强势者的欺负；有的大学生认为自己性格刚烈，做事情不容易考虑对他人的影响，给人刚愎自用的感觉；有的大学生认为自己应变能力很强，总能灵活处理突发状况；有的大学生认为自己善于隐忍，但不够灵活……这些都是大学生心理自我的表现。不同的心理自我会产生不同的情感体验，包括自豪、自尊、自信、自卑等，同时在行为上表现为对自我能力和品格等方面的不断提升与完善，即表现出对心理自我的调控行为。

（3）社会自我

社会自我是个体对自己在社会关系和人际关系中的角色、地位、名望等方面的认识。随着社会化程度的加深，个体获得了一定的社会经验，逐步意识到自己在社会关系中承担着某个角色，在组织中要有自己的地位和作用，这就产生了社会自我。例如，大学生在宿舍生活中总会通过自己的行为和舍友的反应来明确自己在宿舍中的角色和地位。有的大学生意识到自己在宿舍里充当的是领导者的角色，其地位自然也就比较高，而有的大学生感觉自己在宿舍里是可有可无的角色，甚至是大家排挤的对象，在宿舍的地位自然也就比较低，这就是不同大学生对自己的宿舍角色和地位的认识。不同的认识就会随之产生不同的情感体验，例如，宿舍的"领导者"会产生愉悦自豪的体验，而宿舍的"隐形人"就会产生自卑痛苦的情绪体验。在行为上主要表现为一系列的自我调控，如个人对名誉、地位的追求，以及与他人进行激烈竞争等。

二、自我意识的形成与发展

个体的一生会经历不同的时期，每一个时期个体自我意识发展的表现和特点都不一样。

(一)婴儿期(零至三岁)

这一时期的幼儿对自己的认识经历了从"无法意识自己的存在"到"将自己看作一个独立个体"的转变，在认识自己的过程中又经历了从认识自己的外部特点(如指出自己的鼻子在哪里)向认识自己的内部状态(如表达"娃娃饿了")过渡，认识自己的生理特点又经历了从局部(分别认识自己的五官、身体构造等)到整体(发现镜中的自己)的过渡。[1] 具体来说，初生婴儿没有萌发自我意识，不具备认识自己的能力和条件；一岁左右的幼儿有了对自己认识的萌芽，照镜子时能够引发镜像动作，能够初步将自己与他人区分开来；两岁左右的幼儿能够将自己作为客体来认识，能够指出照片中的自己，能够初步使用人称代词"我"；三岁左右的幼儿能够将自己看作一个独立的个体，其标志是能够较好地使用人称代词来区分自己和周围的其他人。

(二)幼儿期(三岁至六七岁)

幼儿期(幼儿园阶段)属于儿童人生发展的第一逆反期。其表现是幼儿要求行为活动自主和实现自我意志，反抗父母控制，这是发展中的正常现象。其年龄阶段主要在三四岁，因个体发展的差异会有所提前或延后。反抗的对象主要是父母，其次是其他养育者。

这一时期幼儿的心理需求在于实现自我意志，实现自我价值感，希望父母和亲近的他人接纳自己"长大了"并且"很能干"的现实。因此在行为上表现为：要参与成人的活动，自以为别人能干的事自己也能干，并大胆付诸实际行动；自以为能干的或自己要做的事若被成人代做，则往往坚持退回原状态，自己重做；常常逆着父母

---

① 陈帼眉：《学前心理学(第 2 版)》，456～458 页，北京，人民教育出版社，2015。

的意愿说"不"，并按自己的愿望说"我自己来做"；喜欢听"你真棒"等表扬。

(三)童年期(六七岁至十二三岁)

童年期(小学阶段)是个体为一生的学习活动获得基础知识和学习能力的时期，是心理发展的一个重要阶段。自我意识是在儿童与环境相互交往过程中形成的。教育和调节儿童与环境的关系对儿童自我意识的发展起着重要作用。

这一时期自我意识中发展最明显的是自我评价能力和自我控制能力。其中，自我评价能力的发展主要表现为评价内容多样化，包括身体外表、行为表现、学业成绩、运动能力、社会接纳度等。其自我评价的结果主要受父母和同学的影响，例如，父母认为自己的孩子聪慧、有能力，并明显地将这一信息传递给孩子，那么孩子就会认定自己是聪慧、有能力的人；相反，如果父母惯于对孩子说"你怎么这么笨"，则孩子就会认为自己愚钝无能。儿童对自我价值的评价与情感密切联系。喜欢自己的儿童，情绪最快乐；对自己评价不良的儿童，经常产生悲哀、沮丧的消极情绪。儿童的自我控制能力主要形成于童年期，同时呈现出明显的个体差异，总体而言，儿童的自我控制能力随着年龄的增长有显著提高。

(四)少年期(十二三岁至十五六岁)

少年期(初中阶段)是个体生理迅速发育直至成熟的时期。该时期少年的生理、心理和社会性发展方面都出现显著的变化，其主要特点是身心发展迅速而又不平衡。该时期是经历复杂又充满矛盾的时期，因此也被称为困难期或危机期，主要表现为以下几点。

1. 强烈关注自己的外貌和风度

少年期自我的兴趣首先表现在关注自己的身体形象上。他们强烈地渴望了解自己的体貌，如身高、胖瘦、体态、外貌、品位，并喜欢在镜中研究自己的相貌、体态，注意仪表风度。青春期个体特别注意别人对自己装扮的反应：对他人的良好反应，体现着自我欣赏的满足感；对某些不甚令人满意的外貌特点会产生极度焦虑。

2. 深切重视自己的能力和学习成绩

这一时期学生的能力和学习成绩更加影响他们对自己的能力和在群体中社会地位以及自尊感的认识，并进一步影响他们的自我评价。因此，能力和学习成绩是少年群体关注自我发展、体现自我价值的重中之重。

3. 强烈关心自己的个性成长

这一时期的少年更加关注自身的心理发展，尤其是自己的个性。他们会非常认真地评价自己个性方面的优缺点，并不断地想给自己的个性下一个结论。在自我评价中，他们也将个性是否完善放在首要地位，对他人关于自己个性特征的评价非常敏感。

4. 强烈的自尊心

这一时期的少年更加关注自己的外在形象和心理发展，因此对关于自己的评价更为在意和敏感。在受到肯定和赞赏时，内心深处会产生强烈的满足感；在受到批评和惩罚时，会感受到重大打击，容易产生强烈的挫折感。这是学校和家庭教育不可忽视的内容。

（五）青年期（十七八岁至二十五岁）

这一时期个体自我意识发展的典型表现是自我概念的形成和发展。自我概念对个性发展至关重要。青年自我概念的发展表现为以下几方面。

1. 自我概念的抽象性日益增强

青年不再运用具体的词语描述其人格特征，而是逐渐运用更加抽象的概念来概括自己的价值标准、意识形态及信念。

2. 自我概念更具组织性和整合性

青年在描述自我时不再一一引出个别特点，而是将对自我觉知的各个方面整合成具有连续性和逻辑性的统一体。

3. 自我概念的结构更加分化

青年能够根据自己的不同社会角色分化出不同的自我概念，懂得自我在不同的场合可以以不同的面目出现。

（六）成年期（二十五岁以后）

成年期个体自我意识的发展表现出四种水平。

水平一：按规则行事。个体的行为服从于社会规则，如果违反了社会规则，就会产生自责感。这是由于处在这个水平的个体具有强烈的社会归属需要。中年期只有少数人处于这一水平。

水平二：规则内化于己。个体具有自己确定的理想和自己设立的目标，形成了自我评价的内在标准并发展了自我反省能力，开始认识到世界的复杂性，但思想认识具有二元性，倾向于把复杂的事情简单地区分为对立的两极，例如，要么具有独立性，要么具有依赖性。

水平三：承认矛盾和冲突。个体能接受人际关系和社会关系中的矛盾和冲突，并对这些矛盾和冲突表现出高度的容忍性。例如，认识到在自我评价与社会规则之间、个人需要与他人需要之间不会总是和谐一致，而是会出现各种矛盾和冲突。

水平四：能动整合。达到这一水平的个体不仅能正视内部矛盾和冲突，还会积极地解决这些冲突，他们善于放弃那些不能实现的目标，而进行新的选择。这是自我意识发展的最高水平，只有少数人的自我意识能够达到这一水平。

三、自我意识与心理健康的关系

（一）正确的自我意识对心理健康的积极影响

正确的自我意识从内容上来说包括对自己的生理自我、心理自我和社会自我的客观认识。从形式上来说，正确的自我意识是指个体对自己的内外各方面有正确的评价，从而产生合理的自我体验，同时个体能够认清自己的优势与劣势，并能采取积极的措施对自己的行为进行修正，使自己更加完善。由此可见，正确的自我意识一方面能让个体客观认识并接纳现实中的自己，另一方面又促使个体不断通过改变行为来完善自我，这对个体的心理健康有着重要的意义。

（二）错误的自我意识对心理健康的消极影响

错误的自我意识表现为：一方面，个体对自己的评价不够客观，并伴随着错误的自我体验，即要么过高评价自己而盲目自信，要么过低评价自己而消极悲观；另一方面，个体缺乏积极主动的自我调节行为，即使知道自己存在问题也缺乏改变的意图或行动，这会直接导致个体停滞不前，无法实现自我的发展和完善，对个体的心理健康是非常不利的。

第二节　大学生的自我意识

青年自我意识发展一直是众多学者研究的中心内容。青年相比童年，心理上最大的变化莫过于自我意识的改变。自我意识的确立是青年心理发展的重要标志之一，它对于青年人格的形成、心理的发展起着重要作用。大学阶段的自我意识既是中学阶段自我意识的继续与深化，同时又有质的变化。这一时期，大学生自我意识从分化、矛盾逐渐走向统一。

一、大学生自我意识发展的特点

进入大学后，大学生的自我意识逐渐走向成熟和稳定，此阶段是个体对自己的内外关注最为强烈的时期，其发展特点主要体现在以下五个方面。

（一）自我认识的内容更加深刻和丰富

大学阶段是人格特质逐步完善的重要阶段，大学生迫切要求深入发展并完善自身人格，发展内心世界，使情感得以宣泄和表达，无意识层面得以自然流露，最重要的就是对人生价值的自我意识，例如，思考人为什么活着，人生的价值与意义是什么，以及自己要成为一个什么样的人等。

对点案例

小 A 是某重点大学一年级学生。她从高中繁重的学习压力中解脱出来，来到了一个几乎没人管束的环境中，加之对大学的错误认识，她和同学们轻松快乐地过了半年，必修课选逃，选修课必逃，上课也是随心所欲，想听就听，不想听就干自己的事情。期末考试好几门课都是刚及格，一直以学习成绩自豪的小 A 心情复杂极了。她问自己："这就是我努力奋斗想要的大学生活吗？我的大学四年难道就这样虚度吗？我上大学究竟是为什么呢？我这样下去四年后会是什么样子？"经过一个寒假的沉淀和思考，小 A 变了，她不再"快乐第一"，图书馆成了她待得最久的一个地方。当同学们问她怎么了，她认真地回答："因为我想清楚了我读大学的目的和意义！"

（二）自我体验呈现出敏感性和波动性

由于对自我的认识还在不断发展中，大学生的个性还不够成熟和稳定，也缺乏驾驭情感的意志力量，因此他们的情感体验表现出明显的敏感性和波动性。他们可能因一时的成功而产生积极愉快的情感体验，甚至骄傲自满、忘乎所以；也可能因一时的挫折、失败而低估自我或丧失自信，甚至悲观失望。到了高年级，当大学生的自我认识水平和自我控制能力比较稳定后，这种敏感性和波动性才逐渐降低。

（三）自我评价能力提高

自我评价是个体对自我所做的判断，是自我意识中的核心部分。随着知识的积累和阅历的增加，多数大学生对自己的分析逐渐趋于全面、客观，自我评价越来越具有广泛性和概括性特点，能够进行理性的辩证思考，使自我评价和外界评价趋于一致，并能按照社会的要求评价自己和控制自我。

（四）自我控制能力提高

中小学生已经具备了一定的自我控制能力，但这种自我控制主要来自权威人物的威慑，依赖的是外部暗示甚至命令，具有明显的被动性。进入青春期后，个体主动自我控制的能力明显增强，这是个体自我意识增强所带来的结果，尤其对刚进入大学校园的大学生来说，由于父母不在身边，他们的生活自由度大大增强，自我约束、自我计划、自我规范的能力也被迫增强。独立面对社会竞争、独立生活能力的形成都是大学生主动进行自我控制的结果。

自我教育是自我控制的最高阶段。自我教育促使个体充分发挥主观能动性和自觉自主精神，最大限度地实现自我目标，发挥自己的潜能。大学生逐渐懂得了自我监督、自我教育的重要性，越来越意识到自己作为独立个体在社会生存、竞争中的艰难，危机感不断增加。在这种情况下，自我教育能力可以帮助个体坚定意志，勇于面对困难，最终实现自我不断成长。从这个角度来说，自我教育能力是个体良好个性品质的重要指标，随着现代社会变化发展周期的缩短，大学生自我教育能力的高低在一定程度上意味着个体进入社会后可持续发展水平的高低。

（五）自我意识水平存在年级差异

总体而言，大学生的自我意识水平较高，但不同年级的大学生在自我意识的发展上存在明显的差异，表现为大学生的自我意识随着年级的升高而发展完善。大学二年级是大学生自我意识发展水平最低、内心矛盾冲突最尖锐、思想斗争最激烈、回顾和展望时间最多的时期，是大学生自我意识相对稳定阶段中的不稳定时期，但经过克服困难后，也是一次新的上升时期，因此有人称之为大学生自我意识发展的转折时期。

二、大学生自我意识发展的规律

大学是个体的自我意识迅速发展的时期，这种发展经历着一个明显而又典型的"分化—矛盾—统一"的过程。

(一)大学生自我意识的分化

大学生自我意识的发展从明显的自我分化开始，表现为以往那种笼统的、完整的"我"被打破，出现了两对"我"：主观我和客观我，理想我和现实我。其中，主观我处于观察者的角度，而客观我则处于被观察者的角度。

自我意识的分化是自我意识走向成熟的标志。随着自我明显的分化，大学生开始主动、迅速地关注自己的内心世界和行为，对生理自我、心理自我、社会自我每一细微变化产生新的认识和体验，自我反省能力增强，自我形象的再认识更加丰富、完整和深刻，由此而来的种种激动、焦虑、喜悦增加，自我体验更加丰富多彩，自我思考增多，自己应该怎样做、能怎样做、不应该怎样做等成为经常思考的问题。他们开始要求有属于自己的一片天空和世界，渴望得到理解和关注。

(二)大学生自我意识的矛盾

自我意识的分化使大学生开始注意到自己以往不曾留意的许多方面，同时也意味着自我意识矛盾冲突的加剧，即主观我与客观我的矛盾冲突、理想我与现实我的矛盾冲突加剧。由自我意识的分化带来的矛盾是大学生自我意识发展过程中的必然现象。诚然，它会给大学生带来不安、疑惑与困扰，可能还会影响到其心理健康与心理发展，但它更会促进大学生努力解决矛盾，实现自我意识的统一，从而推动自我意识向着成熟发展。自我意识中常见的矛盾主要有以下几种。

1. 主观我与客观我的矛盾

作为同龄人中能够接受高等教育的人，大学生对自我有较高的积极评价，但由于大学生缺少社会经验，对事物的了解缺乏客观的眼光与切肤的体验，因此对自己的评价往往出现偏颇，从而出现对自己的主观评价和客观现实不一致的情况。

2. 理想我与现实我的矛盾

在现实生活中，理想我与现实我总是存在着一定的差距。合理的差距能够使人不断进步、奋发有为，但是如果差距过大，则有可能引起自我分裂，导致一系列心理问题。

3. 独立意向与依附心理的矛盾

大学生生理与心理的成熟使他们渴望独立，尝试独立地面对生活、学习与工作中遇到的问题，但长期的校园生活使他们的社会阅历与经验相对匮乏，当紧急事件出现时，又盼望亲人、老师或同学能够替自己分忧。同时，大学生心理上的独立与经济上的不独立也形成了鲜明的反差，他们迫切希望摆脱约束、追求独立的同时，又不可能真正摆脱家长、老师的支持和帮助。特别是对于某些独生子女来说，由于长期受到父母的溺爱，其独立与依赖的矛盾尤为突出。

4. 渴望交往与心灵闭锁的矛盾

人没有哪个时期比青少年时期更渴望友情与爱情，更渴望同辈群体的认同与归属感。在这个时期，每个人都渴望着爱与友谊，渴望着交往与分享，渴望着自我价值得到实现，渴望着探讨人生的真谛、寻找人生的知己，渴望成为群体中受尊敬与欢迎的人。然而，大学生的自我表露又受到心灵闭锁的影响，总是不经意地将自己的心灵深藏起来，与同学有意无意地保持一定的距离，存在着戒备心理，不能完全敞开心扉与同学交流和沟通思想。

5. 理智与情感的矛盾

大学生情绪的一个显著特点是容易两极分化，或高或低，波动性大，易冲动，不易控制。但随着身心的发展和认识水平的提高，大学生渐渐成熟，在遇到客观问题时，既想满足自己情绪与情感的要求，又想服从社会及他人的需求。特别是当遇到失恋等人生打击时，尽管理智上能够理解，但在情感上难以接受。

(三) 大学生自我意识的统一

在自我意识的矛盾冲突中，大学生的自我意识也在不断调整和发展。在这个过程中，他们极力寻求新的支点，寻找自我意识的统一点。这种统一是在新的水平与方向上的协调一致。由于每个大学生的情况不同，自我意识的统一既可能是积极的，也可能是消极的，并表现出不同的类型。大学生自我意识的统一通常有以下几种类型。

1. 自我肯定型

这是积极的统一类型，其特点是正确的理想我与进步的现实我通过积极的矛盾斗争达到统一，也即个体建立了符合社会需要的理想我，同时不断改进和完善现实我，最终使现实我逐渐接近理想我，从而达到两者的统一。

2. 自我否定型

这是消极的统一类型，其特点是对现实我的评价过低，理想我与现实我差距过大，心理上处于一种消极防卫状态。有的人常常用自我安慰原谅自己，在一定程度上放弃理想我，以保持现实我；有的人则没有什么发自内心需求的理想我，自我意识的发展处于消极应付的状态。

3. 自我扩张型

这也是一种消极的统一，且带有危险性，其特点是对现实我估计过高，虚假的理想我占优势，理想我与现实我的统一是虚假的。典型的自我扩张者常表现为爱做白日梦，在自吹自擂、虚幻中度日。虽然这种类型的人极少，但严重者可能导致反社会行为，甚至违法犯罪。

4. 自我矛盾型

这是自我统一比较困难的类型，其特点是内心矛盾的强度较大或者持续时间较长，新的自我久久不能确立，积极的自我难以产生，自我调节缺乏稳定性和确定性。

三、大学生不良自我意识的表现与原因

(一)大学生不良自我意识的表现

大学生心理尚未成熟，自我意识还在不断发展变化之中，因而通常会出现偏差和缺陷。大学生常见的自我意识偏差可以概括为两大类：一是自我意识过强，二是自我意识过弱。

1. 自我意识过强

随着自我意识的发展，大学生越来越感到自己内心世界的独一无二，开始把探索的目光投向自我，因而会比较多地关注自己，表现出较强的自我意识。这本来是大学生走向成熟的一个标志，有助于大学生自尊、自信、自立、自强，然而，自我意识过了头，就会成为缺陷。

(1)完美主义："恐惧失败"

过分追求完美的大学生对自己持过高的要求，期望自己完美无缺，却不顾自己的实际状况。这样的大学生不能容忍自己"不完美"的表现，对自己"不完美"的地方过分看重，甚至把人人都会出现的问题看成是自己"不完美"的表现，从而严重地影响自己的情绪和自信心。完美主义者对自我十分苛刻，只能接受理想中的"完美"自我，不肯迁就现实中平凡的或有缺点的自我，其后果往往适得其反，使其对自我的认识和适应更加困难。

对点案例

小张是一位大二女生，她习惯对自己要求严格，把每天都安排得很紧凑，一旦没有按计划完成当天的事情，她就会很自责；不允许自己做与学习无关的事情，如和同学闲聊，她认为这是在浪费时间；做任何事情，她都要事先认真地规划，总希望自己能够有所作为，一旦结果不如意，她就会出现较严重的痛苦情绪，并伴随强烈的自责感；对他人有点瞧不起，觉得他们整天聊天，太庸俗。她认为，与他们相比，还是自己行。在与他人交往时经常感到很不自在，尤其害怕与陌生人交谈，在不得已要与人交往的时候，又不敢表达自己否定的意见，总担心他人对自己的态度或评价不好，但自己独处的时候没有这种紧张和担忧。

从小张的情况看，她的问题是由两方面原因造成的：①对自己的要求和期望过高，从而自视清高；②担心他人瞧不起自己，为此，她处于矛盾境地。很明显，小张的问题是由不良的性格基础引发的。而要克服这个问题，最重要的是让她认识和

了解自己在人格方面的弱点，客观地认识和评价自我以及他人。要适当降低对自我的要求，承认自己需要他人的帮助和赞许，在此基础上逐渐提高和发展自己各方面的能力。只有这样，她才能逐渐克服问题，并真正走向独立的自我发展。

（2）过度自我中心："唯我独尊"

与完美主义者相反，以自我为中心的人往往表现为过度地自我接受和过高地自我评价。自我接受又称自我认可，是指喜欢自己的人格，肯定自己的能力，对自己的才能和局限、长处和短处均能客观评价，不会过多地抱怨和谴责自己，是心理健康的表现。过度自我接受则是把自我接受推向了极端，高估自我，对自己的肯定评价往往有过之而无不及之。过度自我接受的人常常拿放大镜看自己的长处，夸大自己的长处，甚至把缺点也视为长处；看不起他人，用显微镜看他人的短处，把他人细微的短处都找出来。这种人过于关注自我，凡事从自我出发，不能设身处地地进行客观思考；一事当前，先替自己打算，不考虑他人的感受和需要。有的表现为高高在上、盛气凌人，总认为自己对、他人错，往往把自己的意志强加于他人；有的则表现为斤斤计较，生怕他人对自己不好，只能沾光，不能吃亏。以自我为中心的人目光短浅，心胸狭窄，因为害怕吃亏而小心翼翼，为了一点鸡毛蒜皮之事而耿耿于怀。由于考虑问题和做事常常以自我为中心，因此不能赢得他人的好感和信任，人际关系多不和谐。

2. 自我意识过弱

自我意识过弱的大学生并非没有自我意识，而是在自我评价、自我接纳及自我控制中习惯采取否定、消极的态度，具体表现为自我否定、过分自卑和从众。

（1）自我否定："我不爱我"

自我否定是指个体不喜欢自己的一切，讨厌自己的缺点，常常抱怨和指责自己，希望自己变成另外一种人，但又无力改变自己的现状，严重的会发展为自暴自弃，失去生活的乐趣。他们一般也不喜欢与别人交往，很少有朋友。这种自我拒绝产生的原因与个人生活经历有关，例如，从小得不到赞许和肯定，父母过于严厉和要求太高，都会使孩子产生内疚感和自我挫败感。有的大学生是由于自我期望值太高，当目标不能实现时，由自责发展到自我否定。

对点案例

B 同学来自农村，从小学一路走来，她都是老师和同学眼中的学优生。不仅学习好，她的人际关系、个人发展、家庭条件等都非常好，几乎没有遇到过什么挫折。这种天然的优越感使 B 同学从来没有体验过人际失败、成绩不好或者老师不喜欢等滋味。她以为生活可以一直这样灿烂下去。在高考的激烈竞争中，B 同学凭着学习优势顺利地进入了大学校园。她原以为大学生活比高中更精彩快乐，可是没想到，一进大学她就遇到了许多烦恼。她发现身边的人，要么读了很多书，知识面很广，谈论的许多话题自己连听都没听过，有时即使有想法也怕说出来让人笑话；要么就是英语口语很棒，把自己的哑巴英语一下比下去了；要么就是能在课堂上自信大胆地发言，自己却连在几个人面前说话都会面红耳赤……再看看自己，中学引以为豪的成绩，现在很努力也只是中等。一想到这些，B同学就开始怀疑甚至否定自己，慢慢地发展到想要放弃自己。

（2）过分自卑："一无是处"

自卑感是在和别人比较时，觉得自己不如他人而产生的情绪体验。人类普遍存在着自卑感，因为每个人都有不如别人的一面。过分的自卑感则往往使人孤独、离群、缺乏信心和成就感。大学生来自全国各地，不少人在学业、能力、经济等方面感到不如他人，自觉处处矮人一截，十分自卑。过分的自卑往往与过分的自尊有关，可以说是一种畸形的自尊，往往是自尊心屡屡受挫的结果。过分自卑的大学生由于敏感多疑，时时担心别人看不起自己，所以常常采取回避、退缩的态度，不敢抛头露面，不愿尝试，害怕自己会做出令人笑话的行动，在人际交往中由于自信心不足而显得很被动。自卑的大学生无论在生理上还是心理上都不一定真的很差，主要原因是低估了自己的能力或消极的自我暗示抑制了自信心。

对点案例

一位大学生自述：在我的记忆中，根本搜索不出一件令自己满意的事。我从没想过和发现自己有什么好处和优点，我只觉得自己是糟粕海洋中的一分子。我找不出自己还有什么值得被人羡慕的地方。

一位大学二年级学生写道："在许多场合下，我都不想出头露面，因为我的个子低，我总避免与高个子的同学在一起，免得衬托我更矮。"

2018年中国社会科学院"中国大学生追踪调查（PSCUS）"研究结果显示，29.9%的大学生认为自己"偏胖"和"很胖"。关于颜值（1～10分）一项，54.3%的给自己打分为6分及以下，2.5%的大学生整过容，5.8%的大学生在未来3年有整容的打算。在"整容"和"想整容"的学生中，女生分别为64%和79.8%。[①]

（3）从众："人云亦云"

大学里还有一部分学生缺乏独立意识，有着强烈的从众心理。他们没有自己的是非观念和独立见解，不敢自己下判断、做决定，对自己的实力没有信心，所以总是随波逐流，人云亦云，盲目地跟着别人走。有的同学因周围同学一个个成双成对，

---

① 章正：《调查：点外卖和留守经历对大学生抑郁倾向产生影响》，http://finance.people.com.cn/n1/2019/0416/c1004-31031820.html，2019-11-10。引用时有改动。

沉浸在爱的海洋里而羡慕不已，也迫不及待地"下情海"，只怕落得形单影只；有的同学见别人抽烟喝酒，唯恐自己不够"有派头"，也跟着抽烟喝酒；在宿舍里或者教学楼中一呼百应、盲目起哄的现象更是屡见不鲜。这种独立性的缺乏，导致大学生创造力受抑制、自主性被阻碍，助长了一些不良风气的蔓延。

（二）大学生产生不良自我意识的原因分析

1. 大学生面临复杂多样的生活与学习事件

大学生的主要任务仍然是全日制学习，经济上主要靠父母支持，很少参加社会生产，几乎没有独立自主谋生能力；生理上他们已经完成了青春期的发育；心理上他们正在建立自我独立的观念与态度，并且逐渐与自己的父母、家庭脱离，练习由自己来照顾自己的生活，对自己的行为负责。大学生所处的校园环境是一个多层次、多地域文化交织的系统，大学生都有着旺盛的求知欲和好奇心。以上种种事件叠加在一起，使大学生自我意识的发展出现复杂、多变、不平衡等特点。

2. 社会环境影响

一个人从小到大的成长过程，就是一个"掌握社会生活技能、学习社会行为规范、形成适应社会的人格"的过程。心理学研究表明，随着年龄的增长，社会因素对个体心理的影响作用迅速增加，表现为个人的理想、价值观、需要、爱好、兴趣等更多地与社会保持一致，在一定程度上反映社会现实。当今社会发展迅速，各种良性的和不良的社会讯号充斥在大学校园中，网络的发达又增加了大学生深入了解社会的渠道。这些都冲击着大学生群体，让他们的自我意识发展受到种种阻碍。

3. 文化思潮的影响

大学生的独立意识增强，喜欢表现自己的独特见解与判断，富于批判精神，但又容易偏激。随着我国改革开放的深入，西方形形色色的文化思潮和市场经济中的各种因素冲击着我国的传统文化、传统道德观和价值观。这些文化冲突使大学生在精神上缺少内在持久的支撑，从而影响着他们的自我认识和自我评价，也影响着他们对理想我的设定，使他们的自我体验常常出现郁闷和彷徨。

4. 社会变迁的冲击

随着市场经济的逐步完善、竞争的进一步加剧，社会正在发生巨大的变化。这些变化为大学生施展才华提供了更为广阔的天地，为他们实现自我提供了一个积极的、宽松的、自由的环境，但同时也加剧了大学生的心理压力和冲突，影响着大学生自我意识的发展和完善。

5. 现代大众传媒的影响

大众传媒非常关注市场效应和资本增值，因此在一定程度上可能缺乏社会责任感。它们为了生存，追求视听率、点击率，强调世俗的娱乐性，强调感官冲击，对现代人的观念产生了深刻的影响。文化的传播离不开媒体，我们今天身处各种媒体的包围之中，无法想象还有某种独立的、离开媒体的文化。这些传媒凭借其话语霸权，在不知不觉中影响着思想还不成熟的大学生。

另外，现代大学生大多是独生子女，在成长过程中往往被过度关注。现代家庭的教育观念纷杂，呈现出无序和个性化色彩。大学生个体不同的成长环境、家庭状况、独特经历以及他人评价都会对他们自我意识的形成和发展产生影响。

四、大学生自我意识健全的标准

(一)正确的自我认知

常言道，"人贵有自知之明"，清楚地认识自己，包括认识自己的缺点和优点，了解自己擅长什么，在学习工作中尽量地挖掘和发挥自己的潜力，知晓自己的不足，通过努力尽量去完善。

(二)合理的自我评价

自我评价的能力并不是与生俱来的，而是通过与人交往逐渐形成的。自我评价通常以他人的评价为前提和依据，在此影响下，依靠自己的主观分析完成整个评价过程。合理的自我评价要求大学生在自我认知的基础上，全面综合身边其他人(父母、老师、同学、恋人等)对自己的评价，辅以科学的心理测验量表，最终得出对自己的合适的评价，其根本要求是全面、客观地评价。不合理的自我评价通常有两种。一是自我评价过高。表现为自我欣赏，且自视甚高，这类学生往往"眼高于顶"，与人交往也好，学习工作也好，总会表现出强烈的"高人一等""自我优越感"，人际关系不够和谐。二是自我评价过低，妄自菲薄。导致自我评价过低的原因有多种。一部分表现出谨小慎微的态度，做事畏首畏尾，缺乏自信，担心别人指责自己自高自大、狂妄自满。还有一部分是"负强化"的结果，这部分个体在学习或者生活中遇到了一些困难，多次挫折之后，无法对自己做出正面的、积极的评价，内心深感不如人，强烈的自卑感和自我缺失感充斥内心。

(三)适度的自我控制

自我控制是个体对自身的思想、情感和行为进行调节和把握，它是理想我对现实我的一种制约，理想我会不断地要求现实我进行调整和改进，从而达到期望的水平。面对自己学业及生活情感等方面的困难时，自我意识发展良好的学生具有较好的自我控制能力，会迎难而上，解决问题，提升自我；而自我意识发展不好的学生自我控制能力较差，会出现逃避行为，或者把注意力转移到网络游戏等方面，沉溺其中而不能自拔。这类学生的现实我和理想我会渐行渐远。

第三节 管理自我，完善自我

一、塑造健全的自我意识的重要意义

习近平在二十大报告中指出，全面建设社会主义现代化国家，必须坚持中国特色社会主义文化发展道路，增强文化自信自强，铸就社会主义文化新辉煌。大学生要塑造健全自我意识就必须拥有自信自强的品质，要有把自己的命运同国家的建设发展相统一的觉悟。在不断学习和了解中华名族优秀文化的过程中增强自我意识。健全的自我意识具有良好的自主功能，对大学生的个人发展和素质教育有着举足轻重的作用。大学生能否强化自我意识，自我意识是否真实，个体意识与社会是否统一，都直接影响到大学生能否成为一个独立的人，能否成为一个为社会所接纳并实现自我价值的人。

(一)健全的自我意识有利于大学生的个性完善

健全的自我意识能使大学生设定明确的发展目标，明确目标的价值和可行性，并根据目标有意识地调节自己的行为，抑制不良因素的影响和诱惑，有意识地充实自己的内心世界，丰富自己的情感体验，培养良好的情感品质，在自我发展中增强情感的动力效能，保证自己按照正确的方向健康发展。健全的自我意识还能促使大学生顺应时代的发展，主动迅速地收集、利用各种信息，努力调整学习方法，完善知识结构，发挥聪明才智，发展特殊才能，保持旺盛的精力，适应社会的变化，使自我更加成熟、个性更为完善。

(二)健全的自我意识有利于大学生自我开发

大学生无论在生理上还是心理上都处于快速发育期，具有很大的内在潜力及可塑性，其所思所行都是在为正式进入成人社会做准备。具有健全自我意识的个体能够更好地推动和促进自我潜力的最大发展，使自己努力成为一个合格的、为社会所接纳的人。

(三)健全的自我意识有利于大学生发展独立性

大学时期是个体心理断乳、走向独立的重要时期。大学生虽然仍有成人的关心与爱护，但要真正学会"自己走"，在很大程度上取决于其自我意识的发展状况。个体能力提高和自我完善的力量不是来自外在的压力，而是来自自身的愿望与内驱力。只有当大学生开始追求事物的内在意义，能够客观公正地评价自我，具备正确决策与选择的能力时，才说明自己真正独立了。

(四)健全的自我意识有利于大学生心理和行为的健康发展

心理和行为的不健康在很大程度上是因为不能客观地评价自我与他人，不能认识自我、接纳自我、调节自我。如果个体的自我评价与社会上其他人对自己的评价差距太大，就会使个体与周围人群之间的关系失去平衡，产生矛盾，长此以往，将会形成某些稳定而不健康的心理特征，如自满或自卑，这将不利于个体的健康成长。健全的自我意识能使大学生增强心理承受能力，增强自我主宰和驾驭的能力，善于调整应激水平，平衡心理过程，进行自我重建，顺利克服各种心理危机，使自己的心理行为在个体化与社会化之间协调、平衡地发展。

心理实验室

美国科研人员进行过一项有趣的心理学实验，名曰"伤痕实验"。他们向参与其中的志愿者宣称，该实验旨在观察人们对身体有缺陷的陌生人做何反应，尤其是面部有伤痕的人。每位志愿者都被安排在没有镜子的小房间里，由好莱坞的专业化妆师在其脸部做出一道血肉模糊、触目惊心的伤痕。志愿者被允许用一面小镜子看化妆的效果，之后镜子就被拿走了。关键的是最后一步：化妆师表示需要在伤痕表面再涂一层粉末，以防止它被不小心擦掉。实际上，化妆师用纸巾偷偷擦掉了化妆的痕迹。对此毫不知情的志愿者被派往各医院的候诊室，他们的任务就是观察人们对其面部伤痕的反应。

返回的志愿者竟无一例外地叙述了相同的感受：人们对他们比以往粗鲁无理、不友好，而且总是盯着他们的脸看！可实际上，他们的脸与往常并无二致。他们之所以得出那样的结论，是因为错误的自我认知影响了他们的判断。

这个实验揭示了一个发人深省的道理：一个人内心怎样看待自己，在外界就能感受到怎样的眼光。正如一句西方格言："别人是以你看待自己的方式看待你的。"

二、大学生发展与完善自我意识的策略

大学生要培养良好的自我意识，使自己具有健康的自我概念、自我体验和自我实现的愿望。这主要可从以下几个方面入手。

(一)正确认识自我

"人贵有自知之明"，一个人如果能对自己有一个全面、正确的认识，就能够扬长避短，根据自己的实际情况选择相应的目标而为之努力奋斗。大学生可以从多方面、多途径了解自我。

认识自我

知识链接

乔韩窗口

乔韩窗口是以两位美国心理学家 Jone 和 Harry 的名字音译的。他们按照自知、自不知、他人知、他人不知，把每个人的自我分成四个部分。

	自知	自不知
他人知	公开我	盲目我
他人不知	秘密我	未知我

"公开我"代表我们自己知道别人也知道的领域，对自己和他人都是透明的，这是我们不能隐瞒的，或者我们愿意公开的部分。例如，"我是个女生，我是长头发"。"盲目我"代表别人知道而自己不知道的领域，我们没有意识到或无意识在别人面前表现出来的部分，例如，一些习惯性动作。"秘密我"代表我们自己知道而别人不知道的领域，这是我们不愿意在别人面前显露出来的，属于个人隐私，例如，令自己惭愧的往事、内心的痛楚等。"未知我"代表我们自己不知道、别人也不知道的领域，属于待开发部分。

我们人生的成长目标就是不断减少"盲目我""秘密我"和"未知我"的领域，扩大"公开我"的领域，那样我们的生活会更加真实和有建设性。一个人的盲目领域越小，他对自己的认识就越全面，可以更好地发挥自己的潜能。

1. 比较法

比较法分两个方面，一是与他人比较，二是与自己比较。

在与他人的比较中，我们要注意比较中的主观色彩，要思考：和谁比，是选择比自己强的，还是比自己弱的；比什么，是比可改变的，还是比不可改变的。

心理实验室

研究者让大学生被试和另一些竞争对手一起讨论找工作的问题。在讨论前，大学生被试都接受自尊测试。之后，有一半被试看到的是衣冠不整、仪表一般的竞争对手；另一半被试所接触的是仪表端庄、谈吐文雅之士。讨论后，研究者又对大学生做自尊测验，结果显示：接触到仪表"比自己强"的竞争者的大学生自信心明显下降；而看到仪表不如自己的竞争对手的大学生，自信心却大大提高。

这项实验说明他人是反映自我的镜子，与他人交往接触，是个人获得自我认识的重要来源。

除了与他人比较，大学生还可以通过和自己比较来认识自我。自我包括过去我、现在我和将来我。心理学家詹姆斯提出一个公式：自尊＝$\frac{成就}{目标}$。"自尊"可以看作对现实我的态度；"成就"是过去活动的结果，标志着过去我；"目标"即个体为自己设定的目标，标志着理想我。这个公式概括了过去我、现实我和理想我三者的关系。如果一个人已取得的"成就"与追求的"目标"一致，甚至高于"目标"，自信心就会较强，标志着现实我充满自信，自尊感较强。反之，如果"成就"低于自我设定的"目标"，自信心和自尊感都会降低，并对现实我产生不满意的评价。因此，一个人过去的成功或失败对个人的自我评价有着重要的影响，并通过此评价影响到整个自我意识。

2. 他人评价法

俗话说："当局者迷，旁观者清。"别人对自己的态度和评价是认识自己的重要依据之一，犹如一面镜子，可以帮助人们纠正自我认识的偏差，形成较为客观的自我概念。

心理实验室

研究者让大学生参加 10 分钟的会谈。在交谈的前 2 分钟，研究者对大学生的态度反应为中性，2 分钟后，通过微笑和声调等非言语行为对一部分大学生表现出感情深厚的样子，对另一部分大学生以冷淡的态度对待。会谈后，让大学生评价他们各自的表现。

结果显示：受到热情对待的大学生比受到冷遇的大学生对自己的评价更高。

(二)积极悦纳自我

在面对理想我与现实我的差距时，大学生最重要的是学会自我接纳。自我接纳是指个人对自身以及自身所具有的特征持积极的态度，即能欣然接受现实状况，满意于自己有某些长处的同时，也允许自己有不足。在生活中，大学生可以从以下四方面做到自我接纳。

1. 爱自己

在许多人的印象中，"爱他人"和"爱自己"似乎是截然对立的。实际上，爱自己是爱他人的前提，自爱的人才有能力去爱他人。

爱自己，就是要做到对自己无条件地热爱与包容，接纳自己的优点和缺点，接纳自己的成就和遗憾，不纠结于自己的错误和不足，学会与自己和谐共处，但同时也不能甘于现状、不思进取。真正地爱自己是放过自己，从而全身心地解决各种问题，以获得自身的不断提升。

2. 无条件地接纳不完美的自己

完美只是一个概念，每个人都是有缺陷的，都有长处和不足。我们要学会面对不完美的自己，接受有缺陷的自己。一个能接受自己缺陷的人，才会拥有改变自己的力量。很多人以为只有具备某种条件，如漂亮的外表、优秀的学习成绩、过人的专长、出色的业绩等，才能获得自己和他人的接纳，因此，没有这些条件的人背上了自卑的包袱。接纳自己就是无条件地、无批判地接受自己的现状，学习做自己的朋友，站在自己这一边，接受并且关心自己的身体和心理状况，不加任何条件地接纳自己的一切。

3. 停止与自己对立

停止与自己对立是指停止对自己的不满和批评。我们要拥有维护自己生命尊严和价值的能力。停止苛求自己，允许自己犯错误。但是犯错误后要吸取经验教训，努力做到以下两点。

第一，正视自己的弱点和错误。我们要做到不把时间花在自责和沮丧上，而是把精神集中在怎样改正上，从改正错误中学习，这样就可以少走弯路。

第二，停止否认或逃避自己的负性情绪。首先，坦然地承认并且接纳自己的负性情绪，不论它是沮丧、愤怒、焦虑还是敌意。人产生负性情绪不仅是正常的，而且它还会提醒你对现状有所警觉进而改变现状。如果一个人不为自己的成绩差而沮丧，他就不会想努力学习；如果一个人不为和别人的矛盾而苦恼，他就不知道自己的人际交往方式需要调节。其次，在接纳的基础上，想办法解决引起负性情绪的问题，要积极地正视、关注并体验负性情绪，从中了解自己的思想，并建设性地解决问题。

4. 相信"我就是唯一"

每个人都是这个世界上独一无二的个体，我们要学会只做自己。如果你拥有一个全世界独一无二的稀世之宝，你会如何珍惜它呢？你是否想过，你自己本身也是绝无仅有、独一无二的？无论自己是什么样子，我们都应该接纳它、珍视它，因为"我"就是与众不同的独特存在。

小故事

做最好的自己

曾任美国总统的亚伯拉罕·林肯来自一个鞋匠家庭，而当时的美国社会非常看重门第。林肯竞选总统前夕，在参议院演说时，遭到了一个参议员的羞辱。那位参议员说："林肯先生，在你开始演讲之前，我希望你记住你是一个鞋匠的儿子。""我非常感谢你使我想起了我的父亲，他已经过世了，我一定会永远记住你的忠告。我知道我做总统无法像我父亲做鞋匠做得那么好。"参议院陷入一阵沉默，林肯转头对那个傲慢的参议员说："就我所知，我的父亲从前也为你的家人做过鞋子。如果你的鞋不合脚，我可以帮你改正它。虽然我不是伟大的鞋匠，但我从小就跟随我父亲学到了做鞋子的技术。"然后，他又对所有的参议员说："对参议院任何人都一样，如果你们穿的那双鞋子是我父亲做的，而它们需要修理或者改善，我一定尽力帮忙。但有一件事是可以肯定的，我无法像他那么伟大，他的手艺是无人能比的。"说到这里，所有嘲笑都化成了真诚的掌声。

林肯不以父亲是鞋匠为耻，而是向参议员们传送了这样的信念：每个人只要做最好的自己，就值得别人的尊重。也是这样的理念，使林肯最终赢得了大家的赞同与拥护。

(三)有效控制自我

1. 建立积极的自我意象

自我意象就是"我属于哪种人"的自我观念，它建立在我们对自身的认知和评价基础上。一般而言，个体的自我观念都是根据自己过去的成功或失败经历以及他人对自己的反应，特别是童年经验而不自觉地形成的。根据这些，人们心里便形成了"自我意象"。

自我意象是可以改变的，大学生要学习建立积极的自我意象。例如，学习成绩不理想，消极的自我对话——"我是个不及格的学生，是个失败者，我已无能为力"会导致自卑自弃；而学习建立积极的自我意象，就是将其改为积极的自我对话："我这门课不及格，考试失败，并不代表我是个失败者，造成考试不及格的原因是我复习得不充分，下次好好准备就一定能考好。"这样的暗示不仅会让个体更好地分析失败的原因，还会让个体获得继续努力的动力。

心理实验室

心理学家曾做过这样的实验：用一块透明挡板把一个大水箱隔开，两边分别放入一条饥饿的鳄鱼和一群鲜活的小鱼。鳄鱼立即向小鱼猛冲过去，结果未能如愿。鳄鱼不甘心，重新发动攻击，仍然撞在挡板上，反复攻击后，鳄鱼撞得头破血流，彻底绝望，于是不再白费力气，躺在水中一动不动。这时，心理学家将挡板撤掉，小鱼在鳄鱼眼前游来游去，可鳄鱼麻木、迟钝到极点，对此无动于衷，最后被活活饿死。

这个实验验证了"自我意象"。人们通过不断的心理暗示和潜意识作用，在自我认识的过程中给自己贴上"成功"或"失败"的标签。心理学家普遍认为，这些标签会直接影响一个人的成败。个体一旦被贴上某种标签，就会按照标签所标定的意象去塑造自己，使自己某方面的情绪和行为不断得到强化。

2. 从简单易行的行动开始自我控制

心理学研究和个人经历都告诉我们，我们能通过改变实际行动来改变我们的心态。有信心的行动会产生有信心的想法，有热情的行动会产生有热情的心态。

小故事

"小行动"促成"大成就"

有位心理学家在女儿上学时教给她一个小诀窍：在学校多举手，只要有话的时候就举手，多举手特别重要。小女儿不断举手，让她得到了更多的参与机会，逐渐形成了积极迎接挑战的心态，积累了积极迎接挑战的经验，坚定了积极迎接挑战的信心，取得了不错的成绩。这个小女孩的故事就反映了"小事养成习惯，习惯形成个性"的道理。

体验活动

活动一：猜猜"我"是谁

目的：从别人的评价中了解自我意识是否正确和客观，并进一步调整自己的认识和评价。

操作：请同学根据对自己的认识，设计并制作一份简易名片。老师在课堂上展示不同学生的名片，请其他学生根据平时对班级同学的了解，猜猜谁是名片的主人。

规则：

1. 制作名片时内容尽量客观全面。

2. 使用"我是_____""我的特长是_____"等句子进行表达。

活动二：优点轰炸

目的：

1. 学习和观察别人的优点，直接表达对他人的欣赏，增强人与人之间的良性互动。

2. 学习接纳他人的欣赏，体验被表扬的愉悦感，增强自信心。

操作：

1. 6～8人一组，围成一圈坐下。

2. 请其中任意一位成员站在圈圈中央，其他成员轮流说出他的优点及令人欣赏的地方，可从性格、相貌、能力、处事等方面入手。

3. 所有成员称赞完后，请被称赞的成员说出哪些优点是自己以前知道的，哪些是不知道的。

4. 请重复1～3的操作，使小组内每一位成员轮流到圈圈中央被"戴一次高帽"。

规则：

1. 必须说对方的优点或自己最欣赏的地方。

2. 表达时态度要真诚，努力发现他人的长处，不能毫无根据地吹捧，这样反而会伤害别人。

分享：

1. 被人称赞的感受如何？

2. 怎样用心去发现他人的优点？

3. 怎样做一个乐于欣赏他人的人？

课堂演习

请学生根据自己的真实想法完成下列题目。

1. 我是_____。

2. 我的同学认为我_____。

3. 那些真正了解我的人认为我_____。

4. 我最大的财富是_____。

5. 我最大的成就是_____。

6. 我最大的恐惧是_____。

7. 我要用我的大部分生命_____。

8. 我很遗憾_____。

9. 在群体中，我怕_____。

10. 我喜欢别人形容我_____。

11. 我讨厌别人说我_____。

12. 当_____的时候，我不快乐。

13. 当_____的时候，我觉得很开心。

14. 我喜欢_____。

15. 我不喜欢的一部分外表是_____。

16. 我常有的表情是_____。

17. 我相信_____。

18. 我喜欢阅读的书是有关_____。

19. 对于未来，我最大的希望是_____。

活动设计意图：对这 19 个题目的回答，就像是让学生完成了一幅自画像。通过对这 19 个题目的思考，学生从生理上、心理上、社会交往上对自我有一个更加全面的认识。

推荐资源

[1]凡禹：《发现自己与设计自己》，北京，北京工业大学出版社，2004。

[2][奥]阿尔弗雷德·阿德勒：《自卑与超越》，马晓佳译，北京，民主与建设出版社，2017。

第三章 关照情绪，善待自己

学习目标 ▶

1. 熟悉情绪的种类及表现形式，了解情绪与心理健康的关系。
2. 了解大学生的情绪特点及其常见的情绪困扰。
3. 掌握大学生情绪管理的一般策略和方法。

思维导图

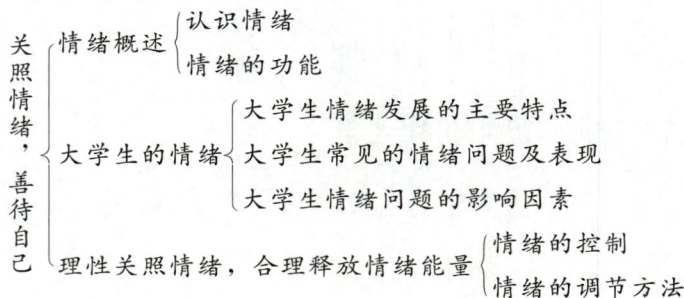

身边的故事

我的情绪怎么了

同学 C 自述：上大学是我第一次过集体生活，突然一下子面对这么多人一起同吃同住，难免觉得别扭，也不像在家里，父母都很惯着我、照顾我。在宿舍里我内心总是很沉重，总觉得融入不进去，也没有人真的关心我，经常自己一个人憋着，时常闷闷不乐。

同学 D 自述：感觉越长大，烦恼就越多。我最近每天想得也特别多，自己变得越来越脆弱、敏感，情绪经常莫名低落，找不到原因，干什么也提不起兴趣，而且好半天都缓解不了。我觉得我特别不会处理自己的负面情绪，更别提为身边的朋友、同学调节了。

故事导读

从案例中可以看出来，同学 C 和同学 D 都有情绪方面的困扰。同学 C 因为不懂得如何管理自己的情绪，总是生闷气；同学 D 也不能控制自己的情绪，总是莫名的负面情绪上头，不知该如何管理。由此看来，情绪对一个人的影响是非常大的，而大多数大学生并不了解该如何掌控自己的情绪，让负面情绪肆意，时间久了，很容易影响他们的心理健康水平。

第一节　情绪概述

情绪是最直观展现我们内心状态的检测表，无论是欣喜若狂还是悲痛欲绝，是羞涩内敛还是热情奔放，我们都在体验着各种各样的情绪。大学生群体正处于青年期，情感体验复杂而丰富，情绪容易受到内外干扰而产生较大波动，经常会面临着各种各样的情绪困扰。引导大学生正确认知与调适情绪，将会对其学习、生活与未来工作都很有裨益。

一、认识情绪

情绪是我们每天甚至每时每刻都会体验到的一种心理状态。我们有时可能上一秒还悲痛欲绝，下一秒就破涕而笑。情绪使我们的内心丰富多彩，我们能时刻感受外界对我们的刺激，有欣喜若狂，也有焦虑不安，有满怀期待，也有痛苦欲绝，这些都为我们构造了一个五彩缤纷的心理世界。

（一）情绪的概念

情绪是在一定情境下，个体产生的主观体验，伴随一定程度的生理反应，并有一定的可观察的外显行为的综合心理过程。简单来说，情绪是指个体对客观事物是否符合自己的需要而产生的主观态度体验。

（二）情绪的产生

影响情绪产生的因素主要有三个。

1. 身体内外的刺激

有时候，人们会觉得情绪来得莫名其妙，其实只不过是引起情绪的刺激不那么明显、具体，或者当事人没有自觉地意识到罢了。如果仔细地寻找，每一种情绪的产生都与或隐或显，或直接或间接的外部刺激或内部刺激有关，它们是情绪的诱发因素。

外部刺激包括感觉器官接受的各种外界刺激（视觉、听觉、嗅觉、味觉、皮肤感觉等刺激）、重要的生活事件、他人的言语和行为、自然环境等。例如，壮丽的河山、优美的音乐、整洁的环境会让人感到兴奋和愉快；拥挤的街头、嘈杂的声音、肮脏的环境则令人烦躁和压抑。又如，追近的考试、被朋友伤害、失去恋人会令人感到焦虑和沮丧；而学业的成功、学校的奖励、与亲朋好友的相聚则令人愉快和轻松。

内部刺激包括身体健康状况、生理需要的满足状况、激素水平，以及内心对过去的回忆、未来的想象等。例如，体弱多病容易使人情绪压抑；有人饿了的时候容易发火；甲状腺素分泌过剩的人脾气暴躁，而分泌不足的人则情绪消沉；预期自己将实现某个愿望会产生兴奋、快乐的情绪，回忆一段痛苦的往事会勾起悲伤、烦恼的情绪。

2. 主观认识活动

能够引发情绪的刺激，必须是当事人认知的对象。面对某种刺激，个人必须依据自己的需要，通过理智即认识活动对刺激能否满足自己的需要、满足到何种程度做出解释和评价，形成一定的看法和态度，个人才能确定并且意识到刺激对自己的意义，进而才能产生不同的情绪体验。因此，情绪总是与需要相关的，需要是情绪产生的基础。

　　不同的人由于需要不同、对事物的看法和态度不同，面对同样的刺激可能会产生不同的情绪。例如，邻居房间里传来的音乐声对一个休闲在家、无所事事的人来说兴许是令人愉快的伴奏，但对一个第二天要参加重要考试、正在紧张复习的学生来说却成了不堪忍受的噪声。另一方面，同样的情绪表现在不同人身上，有可能是不同刺激造成的。

　　由此可见，情绪的产生不仅需要有刺激存在，还取决于个人的需要以及认识活动，所以情绪具有很强的主观性，是纯属个人的体验。而且，情绪与理智并不是对立的，情绪本身就是以理智为中介的产物。

3. 生理激活水平

　　在面临情绪刺激时，个人当时的生理激活（唤醒）水平也会影响情绪发生的难易、强弱和久暂等。这里的生理激活水平是指生理活动被激发的强烈程度、激素水平、高级神经系统活动类型以及遗传特点等，它们是情绪发生的生理影响因素。

　　例如，一个人喝了适量的酒之后，生理活动会被激发到较高的水平，心跳加快、血管扩张、全身发热、神经兴奋，这个时候如果他听到赞扬或者挑衅的言语，会更容易产生高兴或者愤怒的情绪。又如，有人因为疾病或天生的原因，身体的某些激素含量偏低或偏高，也会影响他对同一刺激产生比正常人更弱或更强的情绪反应。此外，某些可遗传的体内生化特性、神经特性及染色体的结构，对人的情绪发生也有一定的影响。

　　总之，情绪的发生是由身体内外的刺激引起的，以个人的需要和认识活动为中介，并且因个人的生理状态而受到一定的制约。

(三)情绪的种类

1. 情绪的基本分类

　　我国古代《礼记》中记载，人的情绪分为"七情"，即喜、怒、哀、惧、爱、恶、欲；《白虎通义》中记载，情绪分为"六情"，即喜、怒、哀、乐、爱、恶。现代心理学认为情绪一般分为快乐、愤怒、悲哀、恐惧四种基本形式，即喜、怒、哀、惧。

　　快乐是指一个人盼望和追求的目的达到后产生的情绪体验。愤怒是指所追求的目的受到阻碍，愿望无法实现时产生的情绪体验。悲哀是指失去心爱的事物时，或理想和愿望破灭时产生的情绪体验。恐惧是指企图摆脱和逃避某种危险情境而又无力应付时产生的情绪体验。

2. 情绪的状态分类

　　情绪按强度、持续时间和紧张度可分为心境、激情和应激三种状态。

　　(1)心境

　　心境是一种微弱、平静和持久的情绪状态，没有特定的指向性，不指某一特定对象，而是使人的整个生活都染上某种情绪色彩。例如，阴沉忧郁，心情舒畅，兴高采烈，无精打采，人逢喜事精神爽，"感时花溅泪，恨别鸟惊心"等。心境还具有以下两个特征。

第一，弥散性，指当人具有了某种心境时，这种心境表现出的态度体验会朝向周围的一切事物。例如，情哀则景哀，情乐则景乐；喜者见喜，忧者见忧。

第二，长期性，心境产生后会在相当长的时间内主导人的情绪。例如，祥林嫂的孩子阿毛被狼吃了，于是她逢人就说阿毛不幸的遭遇。

（2）激情

激情是一种强烈的、爆发式的、短暂的情绪状态。激情通常是由对个人有重大意义的事件引起的，往往带有特定的指向性，伴随着生理变化和明显的外部行为表现。

处于激情状态时，人的认识范围狭窄，理智分析能力受到限制，控制自己的能力减弱，不能正确地评价自己行动的意义和后果。然而，激情并不总是消极的。激情有时也可以成为激励人们积极行动的巨大动力。例如，手舞足蹈；冲冠一怒；拍案而起；暴跳如雷；范进中举那刻，喜极而疯等。

（3）应激

应激是出乎意料的紧迫情况所引起的急速而高度紧张的情绪状态。个体在应激状态下的反应有消极和积极之分。积极的反应表现为急中生智、及时摆脱危险境地，做出平时几乎不可能做到的事情。消极的反应则表现为惊慌失措、意识混乱、正常处事能力大幅变弱。例如，突发状况、天灾人祸，往往能激发人们的潜能。

3. 情绪的性质分类

情绪有积极和消极情绪之分。例如，爱与温情、感恩、好奇心、振奋、热情、毅力、信心、快乐、奉献、服务等都是积极情绪。积极情绪可以提高一个人的自信自律，促进他们创造性地学习，养成良好习惯，从而不断地健全人格。恨、冷酷、嫉妒、愤怒、抑郁、紧张、狂躁、怀疑、自卑、内疚等都是消极情绪。消极情绪使人意志消沉、兴致低落，阻碍人们的健康成长和生活学习，对人生的成功起消极作用。

小故事

一个小丑胜过一打医生

著名化学家法拉第在年轻时由于工作紧张，神经失调，身体虚弱，救治无效。后来，一位名医给他做了详细检查，没有开药方，只留下一句话："一个小丑进城，胜过一打医生。"法拉第从此以后经常抽空去看滑稽戏、马戏和喜剧等，活了76岁。

心理实验室

国外有人做过这样一个实验：让几个大学生被试分别进入实验室，该实验室有四个门，其中三个门是锁住的，只有一个门可以打开，实际上只要按顺序将各门试一下，便能很快找到出路。但当实验者用冷水、电击、强光、大声等强烈刺激同时加之于受试者，使其处于紧张状态时，好几个被试呈现出慌乱现象，不知道按顺序找出路，四面乱跑，已经试过是被锁住的门会重复地去尝试，显然是给弄糊涂了。像这一类因情绪激动而失去理智的现象，在日常生活中是屡见不鲜的。

(四)情绪的表现

1. 生理表现

人在情绪反应时常常会伴随着一定的生理唤醒，例如，激动时血压升高，愤怒时浑身发抖，紧张时心跳加快，害羞时满脸通红。脉搏加快、肌肉紧张、血压升高及血流加快等生理指数是一种内部的生理反应过程，常常是伴随不同情绪产生的。

2. 外部表现

(1)面部表情

面部表情是指通过眼部肌肉和口部肌肉的变化来表现各种情绪状态。我们的五官配合面部肌肉，可以组成多种多样的表情，例如，眼睛对表达忧伤最重要，口部对表达快乐最重要，而前额能提供惊奇的信号，眼睛、嘴和前额等对表达愤怒情绪很重要。当人们表达真正的微笑时，面颊上升，眼睛周围的肌肉堆积到一起(形成我们所说的"笑眼")，同时左半球大脑的电活动增强；当人们只是出于礼貌想表现出笑的样子时，则只有嘴唇的肌肉在活动，下颚是下垂的，左半球大脑的电活动不明显，正如人们所说的"皮笑肉不笑"。

(2)体态表情

体态表情是指人在不同的情绪状态下表现出来的肢体的不同动作或姿势，可分为身体表情和手势表情两种。例如，高兴时"手舞足蹈"，悲痛时"捶胸顿足"，惊恐时"呆若木鸡"，紧张时"坐立不安"等。人们的表情有时可以伪装或控制，但是通常情况下体态表情会在不经意间表现出来，从而泄露个体的真实情感。例如，人们紧张时会来回踱步，伴随不自主地搓手；说假话的人会不自觉地与对方保持较远的距离，而且身体明显向后靠，肢体动作较少，面部笑容增多；认同或喜爱对方时，会出现与对方一致的肢体动作，如托起下巴、身体朝向说话者等。手势通常和语言一起使用，表达赞成或反对、接纳或拒绝、喜欢或厌恶等态度和思想。在无法用语言沟通的条件下，单凭手势也可以表达同意或反对、开始或停止等态度。

(3)言语表情

言语表情是人在不同情绪状态下语音、语调、语速等的变化。言语表情是"言外之意"，它所表达的含义比言语本身要多得多，是人们表情达意、相互沟通的重要形式。朗朗笑声饱含喜悦，低沉话语蕴含悲痛。简单一句"你干吗""我走了"，可以因为语音、语调、语速等的变化传递出很多种不同的含义。例如，用欢快的语调唱悲情歌曲会让人听出欢快的情感，用悲伤语调唱欢快的歌曲同样会让人听出悲伤的情绪。

二、情绪的功能

情绪是个体与环境、事物之间关系的反映，它具有独特的主观体验和外部表现形式，对人的活动有着非常重要的影响。其功能主要体现在以下四个方面。

(一)信号功能

情绪的信号功能表现在个体将自己的愿望、要求、观点、态度通过情感表达的方式传递给别人，以影响他们。它是非言语沟通的重要组成部分，在人际沟通中具有信号意义。例如，点头微笑、轻抚肩膀表示赞许，摇头皱眉、摆手表示否定，面色严峻表示不满或者问题严重等。

在人际交往中，人们除借助言语进行交流之外，还通过情绪的流露来传递自己的思想和意图。例如，听朋友叙述不幸遭遇时，会一同落泪或表现出悲伤的情绪，传达出自己的同情和理解的情绪情感。情绪的这种功能是通过表情来实现的。表情具有信号传递作用，属于一种非言语性交际。人们可以凭借一定的表情来传递情绪信息和思想愿望。

日常生活中，我们的大多数信息并不仅仅通过言语，而更多的是通过非言语类表情传达。表情是比言语产生更早的心理现象，婴儿在不会说话之前主要是靠表情来与他人交流的。表情比言语更具生动性、表现力、神秘性和敏感性。特别是在言语信息表述不清时，表情往往具有补充作用。人们可以通过表情准确而微妙地表达自己的思想感情，也可以通过表情辨认对方的态度和内心世界。所以，表情作为情感交流的一种方式，被视为人际关系的纽带。在许多影视作品中，人们用情绪的表露代替言语的表达，具有"此时无声胜有声"的效果，更具感染力。

(二)组织功能

情绪作为脑内的一个检测系统，对其他心理活动具有组织作用。这种作用表现为积极情绪的协调作用和消极情绪的破坏、瓦解作用。其组织作用还表现在人的行为上。当人处于积极、乐观的情绪状态时，容易注意事物的美好方面，其行为比较开放，愿意接纳外界的事物；当人处于消极情绪状态时，容易失望、悲观，放弃自己的愿望，甚至产生攻击性行为。

许多研究证明，通过各种不同的信息加工方式，情绪对认知起着驱动和组织作用。而且情绪对认知产生多方面的效应。其不仅影响加工速度和准确程度，而且可以在类别和等级层次上改变认知的功能，或在信息加工中引起阻断或干扰的变化。也就是说，情绪不仅影响认知的量，而且影响认知的结构。

（三）动机功能

情绪的动机功能又称为情绪的调节功能，指情绪对人的活动起发动、促进和调控的作用。适度的情绪兴奋可以使身心处于活动的最佳状态，进而推动人们有效地完成任务。

情绪能够以一种与生理性动机或社会性动机相同的方式激发和引导行为。有时我们会努力地去做某件事，只因为这件事能够给我们带来愉快与喜悦。从情绪的动力性特征看，情绪分为积极增力的情绪和消极减力的情绪。快乐、热爱、自信等积极增力的情绪会提高人们的活动能力，而恐惧、痛苦、自卑等消极减力的情绪则会降低人们活动的积极性。有些情绪同时兼具增力和减力两种动力性质，如悲痛可以使人消沉，也可以使人化悲痛为力量。

个体的情绪表现还常被视为动机的重要指标。由于情绪可能与引发动机的行为同时出现，情绪的表达能够直接反映个体内在动机的强度与方向，因此情绪也被视为动机潜力分析的指标，即对动机的认识可以通过对情绪的辨别与分析来实现。

（四）健康功能

人对社会的适应是通过调节情绪来进行的，情绪调控的好坏会直接影响到身心健康与否。作为心理因素的一个重要方面，情绪同身体健康的关系早已受到人们的关注。

情绪对健康的影响作用是众所周知的。积极的情绪有助于身心健康，消极的情绪会引起人的各种疾病。我国古代医书《内经》中就有"怒伤肝，喜伤心，思伤脾，忧伤肺，恐伤肾"的记载。有许多心因性疾病与人的情绪失调有关，如溃疡、偏头痛、高血压、哮喘等。有些人患癌症也与长期心情压抑有关。

心理实验室

美国两位科学家曾招收了 45 名个性不同的大学生，将他们分成 A 组（性情文静组）、B 组（活泼、乐观组）和 C 组（暴躁、喜怒无常组），观察了 30 年。30 年后，人们惊奇地发现，C 组人患高血压、心脏病、癌症和神经失调等严重疾病者高达 77.3%，而 A 组和 B 组患病率分别为 25.2% 和 26%。随后，他们又分析了 1949—1964 年中三组大学生的情况。同样发现 C 组发病率高居首位，死亡率高达 13%，A 组和 B 组则无一人死亡。

第二节 大学生的情绪

一、大学生情绪发展的主要特点

大学时期是青年人心理由不成熟走向成熟的重要时期，也是情绪丰富多变、相对不稳定的时期。他们的情绪与其整个心理过程一样正处于蓬勃发展的时期，大学生的情绪特征具体表现在以下五个方面。

（一）丰富性与复杂性

对于很多大学生来说，大学是他们第一次脱离家庭独自生活和学习的开始。大学生逐渐接触到形形色色的人，接触到生活、学习方面的各种复杂事件，这对他们高中时期"两点一线"的简单生活产生了强烈的冲击，而其中所有的酸甜苦辣都要他们自己去品尝。离开了自己熟悉的环境，身边没有了亲人和原来的朋友，遇到事情都需要独自处理，很多心事又无人诉说，会使一些大学生产生负面情绪，如悲伤、遗憾、惋惜、难过、绝望等。大学生同时又是脆弱的，多数大学生虽然成年了，但心理年龄相对滞后，所思所想偏向简单和幼稚化，对于问题的应对缺乏相应的技巧和经验，这会让负面情绪膨胀和扩大。

对点案例

在"大学生心理健康教育"课堂上，有一次课堂实践环节，一位大一女生上台进行讲课实践。这位女生讲的内容丰富，条理清晰，也有自己的理解和想法。但在同学点评环节，有一位女同学对她的评价却是："要注意自己的形象，不要整得跟一个非主流似的。"这句话瞬间激怒了那位女生，因为那位女生小臂处有大面积文身，在脖子前方显眼处也有大面积文身。两位女生当场就在课堂上争论起来，最后言辞激烈，点评的女同学被"训斥"得落泪，讲课的女同学则当场离开……

（二）波动性与两极性

大学时期是人生面临多种选择的时期，学习、交友、恋爱、工作等人生大事基本在这一阶段完成。社会、家庭、学校及生活事件都会对大学生的情绪产生影响。同成年人相比，大学生还处于一个易敏感的时期，导致情绪带有明显的波动性。一句话、一首歌、一个眼神都可以使他们的情绪产生极大的波动。同时，时下的主流文化与内心思想的碰撞、网络媒体的宣传和导向都在影响着大学生的价值观，甚至会使其产生很多复杂的情绪体验，或者容易使他们产生困惑和迷茫。

同时，由于大学生正处于情绪表现的"动荡"时期，心理各方面发展还未成熟，他们的情绪起伏较大，容易带有明显的两极化特征。

对点案例

大一一位男生，大家都亲切地叫他"生活宝"，因为他是班级里的生活委员，喜欢接管班里大小事宜，也喜欢参加班级和学校的各种活动，平日里待人热情，情绪高昂，还喜欢和宿舍同学聊天，一起出去玩。平日里的他，给大家的感觉都是开朗热情的，他总是在笑，每天都很开心，没有任何烦恼。但是有一次在课堂实践活动上，讲到激动处，他热泪盈眶。他自述：其实自己情绪波动很大，又不知道该如何调节，经常是开心的时候很开心，会哈哈大笑，难过的时候也会莫名流眼泪，好像情感很脆弱。

（三）冲动性与爆发性

大学生的知识水平和认知能力都有所提高，对自己的情绪也能够有所控制，但由于他们周围环境丰富且多变，自身也敏感细腻，加之年轻气盛，因而在许多情况下，其情绪易被激发，且不计后果，带有很大的冲动性。他们还会产生从众心理。例如，对符合自己信念、观点和理想的事件或行为迅速产生热烈情绪，对不符合自己信念、观点和理想的事件或行为则迅速出现否定情绪。个别的甚至会产生盲目的狂热，一旦遇到挫折或失败又会灰心丧气，情绪来得快，平息得也快。

大学生情绪的冲动性常与爆发性相联系。大学生的自制力较弱，一旦出现某种外部强烈的刺激，情绪便会突然爆发，受冲动的力量驱使，以至于在语言、神态及动作等方面失去理智控制，极易产生破坏性的行为和后果。

对点案例

云南省昆明市安宁市政府新闻办公室 2018 年 11 月 23 日发布消息：当日 11 时26 分许，位于安宁市的云南交通技师学院教学楼内发生一起持械伤人事件，共造成12 名师生受伤，其中 1 名学生死亡。

记者了解到，这起事件造成该校 10 名学生、2 名教师受伤，其中 1 名受伤学生经送医院抢救无效死亡，其余伤者伤势较轻，均无生命危险。

犯罪嫌疑人杨某（男，20 岁，系该校 2017 级在校学生）已被公安机关控制。

事件发生后，当地党委、政府迅速启动突发事件应急处置预案，公安、卫生、教育以及该校主管部门等立即开展案件调查、伤员救治及善后处置工作。[1]

---

[1] 王研：《云南交通技师学院发生持械伤人事件 致 1 死 11 伤》，http://www.xinhuanet.com/2018-11/23/c_1123760793.htm，2019-11-10。引用时有改动。

（四）阶段性与层次性

大学阶段不同年级的培养目标和培养重点不同，其教育方式和课程设置也不尽相同，这就使得各个年级的大学生所面临的问题及其情绪特点也各不相同，因此，大学生的情绪呈现出阶段性和层次性特点。

例如，大多数大学新生面临的是环境适应问题、学习问题及人际交往问题等，放松感和压力感并存，新鲜感和恋旧感交替，使得大学新生情绪波动大。大学生在二、三年级经过一年级的适应过程，能够融入校园生活，情绪较为稳定。毕业班学生面临毕业论文（毕业设计）及择业等多方面的重大问题，容易精神压力大、情绪波动大、消极情绪多。除了不同年级所带来的影响外，社会、家庭及自身各方面能力的差异也会使大学生产生不同的情绪状态。

对点案例 ✤

大一新生王某自述：我学的是电子工程专业，平时上课感觉课程很难，好多地方都搞不懂，而且大学的课程安排和我之前想象的差距太大。有时候想想自己的这个专业，觉得没什么前途，以后也不会找到能够挣大钱的工作。一想到这些，就更没动力学习，对未来也特别迷茫。

（五）外显性与内隐性

大学生虽有一定的知识储备，但是在人生阅历上并不特别丰富，很容易喜形于色。例如，考试获得了好成绩，马上就会表现在脸上，一眼就能看得出很开心。

由于大学生自制力、自尊心的发展，社会化的逐渐完成以及心理发展逐渐趋于成熟，他们能够控制自己的情感表达，这又使他们情绪的外在表现和内心体验并不总是一致的。在某些场合和特定问题上，有些大学生会隐藏或抑制自己的真实情感。例如，对父母"报喜不报忧"，隐藏自己的真实情感；在交友方面，有时心里很不喜欢对方，却表现出很喜欢（恋爱方面则恰恰相反）。

对点案例 ✤

小李向辅导员反映，近来王同学总是处处针对她，她是班长，每次开展活动或者宣布班级事务时，王同学总是唱反调，或者不听指挥，故意戏弄她，弄得她在班级同学面前特别难堪。辅导员找来王同学，想问问他是否对班长有什么意见，谁承想，王同学竟然说他对班长没有任何意见，虽然有时候起哄，但是也都支持班长的想法和决定，甚至害怕辅导员因为他的原因而更换班长，于是他再三解释。

李同学的情况具有普遍性，从心理学上说，这种情况可以称为"反向表达"。人都会有反向的情绪表达，例如，最难过的时候哭不出来，最高兴的时候会掉眼泪。

二、大学生常见的情绪问题及表现

由于大学生正处于生理、心理及思想的快速变化时期，其情绪容易动荡，且由于大学生缺乏社会生活的磨炼，心理承受能力弱，极易导致自卑、焦虑、抑郁等负面情绪问题，具体表现为以下几种。

(一) 自卑

自卑是指大学生对自己的品质和能力做出过低的评价，或怀疑自身智力和能力而产生的心理感受，又称自我否定意识，多表现出消极的自我评价。每个人或多或少都有自卑感，但如果自卑感较大，影响了正常生活和学习，就需要重视了，严重的还要进行心理治疗。大学生的自卑主要表现如下。

1. 自傲

自卑心理有时会以自傲的形式表现出来。例如，有的学生因不擅长某项活动，自卑于这方面的能力，却以对该活动不感兴趣甚至是鄙视的态度来矫饰。

2. 自暴自弃

有些大学生因自卑而认为无论怎么努力也无法取得优异成绩，导致放弃努力，自暴自弃，甚至到了自毁的地步。

3. 逃避

具有这种自卑心理的大学生常采用回避与别人交往的方法来避免别人看出自己的缺陷和不足。例如，一些大一新生迟迟适应不了新的环境，觉得事事都不顺心，怕面对现实，于是就想通过退学来逃避现实。

4. 敏感和掩饰

具有自卑心理的大学生往往对自己的不足以及别人的评价很敏感，常把别人无意的言行看成是对自己的轻视。例如，别人无意的一个眼神会让这些学生感到被歧视或者被排斥。还有的大学生由于担心自己的缺陷被人知道而特意掩盖。例如，一些家庭经济困难的大学生因为不想让别人知道，就会故意隐瞒事实，不坦诚交流。

5. 封闭

具有自卑心理的大学生往往不敢面对自己的问题，一旦碰触就会选择将自己包裹起来以获得安全感。例如，有的大学生因普通话说得不标准、语言表达受阻或说话结巴而害怕与人交往，于是就把自己禁锢起来，独来独往，不与人接触和交流。

6. 叛逆

具有自卑心理的大学生往往接受不了他人对自己的评论，哪怕是善意的建议也会被他们视为有敌意。例如，有些大学生自卑于自身体型（如偏胖），如果同学提到对她体型的相关话题，就会觉得同学是在嘲笑、讽刺自己，便会怨恨对方，甚至产生敌对情绪，严重的还会形成叛逆心理。

知识链接

克服自卑的方法

首先，正确地认识自我，学会欣赏自我。每个人都有自身的优点和缺点，不要紧盯着自身的缺点不放，而忽视了自身的优点。大学生要积极地进行自我肯定，发现自己的闪光点，欣赏自己取得的成就，增强自我价值感，在自我欣赏中树立自信。

其次，进行积极的自我暗示。例如，在开展一项工作之前，提醒自己"我能行""我一定能成功"，积极的自我暗示能产生积极的心理作用，有助于树立自信心，增加战胜困难的勇气和力量。

最后，在成功中树立自信。自卑者要时常回想一下自己在过去生活中取得的成绩，如在文体活动中取得的成绩、在学习上取得的成绩、老师的表扬、同学赞许的目光等，这些都会帮助自卑者树立信心。另外，在学习和工作中，树立比较容易实现的目标，通过"小的成功"提升自信心。

(二)焦虑

焦虑是指个体主观上过分担心发生威胁自身安全和其他不良后果的一种不安情绪反应。它属于消极的情绪，是一种能减弱人的体力、精力，干扰人的正常活动的情绪体验。它使人烦躁不安，类似恐惧，但程度不太强烈。大学生的焦虑主要表现如下。

1. 考试焦虑

考试焦虑的大学生一上考场脑子就变得很乱，原来复习过的内容也会想不起来，同时可能伴有躯体表现，如浑身出汗、心慌意乱。以考试焦虑为中心的心理障碍伴有睡眠障碍，主要是由于心理负担太重造成的。

对点案例

张同学自述：我们大一要学高数，虽然我之前是理科生，但对于数学还是不自觉地抵触和害怕。每次上课都是逼迫自己听讲，也做了很多笔记。记得考高数前一夜，通宵睡不着觉，担心自己会挂科，于是索性不睡了，在宿舍楼楼道里默默看了一晚上的书，其实脑子混乱如麻，看的是什么根本记不住。第二天考试的时候脑袋昏昏沉沉的，眼睛都花了，结果那学期的高数真的挂科了。这一直是我的噩梦，直到现在有时候晚上做梦还会梦到自己在考高数，手抖心慌，什么都不会，最后硬是被吓醒。

2. 困惑焦虑

有的大学生不能正视大学所遇到的学习和生活方面的困难而产生焦虑。例如，有的大学生为了保持自己原有的优势，千方百计和来自各方的众多"尖子生"进行竞争和比赛，结果负于强手，于是在心理上出现了自责、自卑和不服气的情绪，背上了沉重而紧张的思想包袱，自然会产生焦虑情绪。

对点案例

黄某，男，19岁，大一新生，个人主诉：我是我们班高考分数最高的，我是滑挡了才来到这个学校的，所以我一直有很强的优越感。可是，在竞选班干部的时候，我却一个干部都没有当上。我想着没关系，就又报名了学生会，结果还是落选，很多在我看来分数不如我的同学，其实他们很多方面的能力都远远强于我。我开始情绪低落，有失眠现象，无法安心读书，学习兴趣减退。越和其他同学比较，越发觉大家都做得很好，学习也很用功，我觉得自己不优秀了，很差劲，已经连续失眠一周了。

3. 择业焦虑

大学生在毕业时面临一系列的抉择和竞争，难免会产生焦虑、抑郁等情绪，这些情绪严重的话会上升到"焦虑症"，那么就要及时关注和治疗，否则将导致过激行为。

对点案例

小王从小学习成绩很好，在学习上没有遇到过挫折，一直都是受人瞩目的好学生。临近大学毕业，小王跃跃欲试，她迫切地想得到社会的认可，可以真正走向社会，找到自己心仪的工作，自力更生。在招聘会上有好几家用人公司都表示有意招录小王，并通知她回去等消息，小王特别开心。可接下来的几天，其他同学都陆续收到第二次面试的通知了，偏偏小王什么都没等到。她越等越着急，还开始胡思乱想，觉得自己很差劲，一无是处，心高气傲，结果却一事无成，因此，她心情烦躁、焦虑，看书也没以前专心，老是走神，食欲也下降了。她很困惑，很茫然，不知该怎样做，而且晚上还经常做噩梦。

4. 健康焦虑

有些大学生因为长期生病而产生焦虑，或者对自身的健康状况过分关注。例如，因为睡眠不足、营养不良而导致的身体素质下降，同样会使他们陷入焦虑之中。

大学生克服焦虑的方法主要是了解焦虑背后的冲突，对自身的个性特征、焦虑来源及持续时间进行评估，轻度焦虑可以通过自我调节来缓解，重度焦虑则需要专业的心理辅导。

对点案例

刘同学有次看电影《非诚勿扰2》，当看到里面的男二号香山因为脚上的一个痦子癌变最后去世的桥段时，突然想到自己脚上也有一个差不多大小的痦子。结合剧情，他开始胡思乱想，害怕自己也会因此而殒命，当天就因为思虑过多而没胃口，彻夜难眠。接下来的几天，这种担忧并没有得到缓解，反而愈演愈烈，他先去校医院看，医生表示应该没什么问题，可以去大医院检查。他随后去了市里最好的医院看，做了各种检查，最终得出的结论是没有问题，可刘同学觉得一定是医院出问题了。他开始去外省寻求名医，开始了自己漫长的求医之路，最后学也不上了。

（三）抑郁

抑郁是大学生中较常见的一种情绪困扰现象，是大学生感到无力应付外界压力而产生的一种消极情绪。它是一种低沉、灰暗的情感，可从轻度的心情烦闷、消沉、郁郁寡欢、状态不佳、心烦意乱、苦恼、忧伤到重度的悲观、绝望。抑郁者常常觉得生活没有意思，高兴不起来，提不起精神，做事缺乏动力，对外界的兴趣减退或消失，自信心下降。严重的则整日忧心忡忡、胡思乱想、郁郁寡欢、度日如年、痛苦难熬、不能自拔、思维迟钝甚至动作迟缓，有时还有轻生的念头或行动，应引起重视。大学生抑郁的主要表现如下。

1. 情绪低落，遇事缺乏信心

一些大学生因为抑郁倾向而时常情绪低落，不论是对学习还是对生活都兴致缺缺，不愿与人交流，对未来也没有信心。

2. 思维抑制，反应迟缓

由于情绪低落和心情抑郁，有的大学生产生了思维抑制现象，如反应迟钝。他们上课时注意力不集中，常常双眼盯着黑板或老师，心里却在想其他事情。

3. 行为被动，自我封闭

由于思维抑制，反应迟钝，抑郁者往往生活被动，凡事缺乏主动性，对于集体活动能不参加就不参加，必须参加时也有沉默和独处的倾向，不合群。

4. 突发冲动，行为极端

有抑郁倾向的大学生一旦遇到挫折就不知所措，在长时间的失望、焦虑中会突然产生怪异想法或自残行为。心理学上认为严重的个性压抑会带来巨大的个性膨胀，受到压抑的个性最终会为自己找个发泄口，悲剧往往会就此发生。

5. 交往中感到自卑

有抑郁倾向的大学生往往具有过分的自责和过多的否定性自我评价，以致表现自卑甚至降低自尊。他们常常担心别人看不起自己，同学间不经意的一句玩笑或一个行为都会深深地刺痛他们的心灵。强烈的自尊渴望与脆弱的情绪情感相交织，会无形中加深这些大学生的自卑感，从而加重抑郁程度。

缓解抑郁情绪的对策如下：第一，纠正偏误，端正认识；第二，重新评价，悦纳自己；第三，积极交往，参加活动。

知识链接

"面对面"比"屏社交"更重要①

2018 年中国社会科学院"中国大学生追踪调查（PSCUS）"研究结果公布。该研究对全国 18 所高校在校大学生和毕业生的生理和心理健康进行调查。数据显示，点外卖频率越高的大学生，其自评身体和心理健康测量得分越低，抑郁得分也越高。点外卖和健康之间是否具有必然的因果关系，还有待进一步研究。

得出点外卖频率与大学生的抑郁倾向程度成正相关，并不意味着高频点外卖会导致抑郁，还要综合考虑各种参数。不过，这也侧面反映了两个现状：大学生的社交弱化和大学生在选择上的主观能动性。

与其说点外卖的大学生抑郁倾向更高，不如说执着于屏幕的他们忽视现实社交的意义。大学校园里，这样的情形并不少见：很多大学生吃饭不去食堂排队，选择点外卖，不与人交流，默默吃完一餐。事实上，吃饭是门槛最低的社交活动，长时间不跟人交流，沟通能力会退化，抑郁的风险可能会增加。

况且，随着互联网的普及，现在的大学生更迷恋"屏社交"，一块屏幕解决多样生活需求，对于现实的社交需求渐渐淡化，对现实中的群体认同渐渐减弱。一个微信群，可以实时沟通；一次点赞、一个评论，就可建立感情。吃外卖、上网聊天比线下聚餐在时间成本和精力成本上都小了很多。比起现实社交，屏幕下的当代大学生虽然在沟通成本低的网络社交中获得了群体参与感和认同感，但这并不能妨碍他们从心底感受到孤独。

已有研究证明，沉迷在网络社交中的沟通，却恐惧于现实社交中的联系，长此以往，自然会导致内心情绪悲观化。这也是屏幕背后的年青一代所面临的社交现状。

当代大学生个性、特点鲜明。丰富、优越的物质条件使得他们更加注重自我需求的满足，更加注重个性化选择。高频点外卖，可能是追求多元的饮食口味，也可能是对学校食堂不满意。他们敢于直面需求并以自己的方式解决，这说明在选择上，他们具有更多的主观能动性。

大学生的抑郁倾向程度不是点外卖一个因素能决定的。但得看到，国内的抑郁症患者中，大学生所占比例正在逐年递增。世界卫生组织曾指出，四分之一的中国大学生承认有过抑郁症状。因此，学校应该关注大学生高频点外卖这种现象。

---

① 常莹：《"面对面"比"屏社交"更重要》，http://opinion.people.com.cn/n1/2019/0429/c1003-31056103.html，2019-11-10。引用时有改动。

马斯洛的需求层次理论中，社交需求占据人类需求很大一部分。在这里，还需给大学生们提个醒：放下外卖软件，走出宿舍门，多留出一点情感交流的时间和空间给友人，也是让自己更加快乐的一种方式。

（四）冷漠

冷漠就是对他人冷淡漠然的消极心态。冷漠主要表现为对人心怀芥蒂甚至是敌对情绪，既不与他人交流思想感情，又对他人的不幸冷眼旁观、无动于衷，毫无同情心。例如，有的大学生由于学习或生活受挫而丧失积极性，表现出对一切事物漠不关心，无动于衷。大学生的冷漠一般表现如下。

1. 角色性冷漠

大学生（尤其是成绩差的大学生）在学校或班级各项活动中因不能进入预定的角色，而出现角色失落和角色冷漠。

2. 倦怠性冷漠

由于长期受片面追求升学率的影响，有的大学生厌学情绪严重，容易滋生疲劳、厌烦、倦怠的情绪。值得注意的是，这种倦怠性冷漠情绪也会出现在优秀的大学生身上，并像病菌一样传染蔓延。

3. 忧郁性冷漠

大学生对所处现实和自身的境遇不满时，会产生严重的心理失落感，表现为精神萎靡、郁郁寡欢、缺乏自信。

克服冷漠的方法如下：第一，改变长此以往形成的对人生消极的看法，发现生活的意义，发现自我的价值；第二，积极投身各种有意义的活动，融入集体，进行积极的自我提升；第三，正确认识自我与他人、个体与社会，并不断矫正自己的非理性观念。

对点案例

大学生 E 自述：老师，我是不是得什么病了？每周日的下午坐上回学校车的时候，我就觉得头疼、恶心、想吐，想到又要开始一周校园生活了，我就心里难受，心情烦躁、郁闷。我不喜欢集体生活，也不喜欢参与班级或者学校的任何活动，我觉得这些都和我没有关系，可是很多时候又不得不参加，我就会很抵触、烦躁，我觉得影响了我的正常生活。

（五）愤怒

愤怒是人对客观事物不满而产生的一种紧张激烈的情绪体验，是由于外界干扰使愿望和目的的实现受到阻碍，从而积累产生的。心理学研究表明，当愤怒发生时，人的心跳加快、心律失常、血压升高，同时还会使人的自制力减弱甚至丧失，思维受阻，行为冲动，以致干出不理智的事情。

愤怒的产生和发展绝大多数与人对障碍的意识程度有直接关系。如果一个人看到某个障碍导致他不能达到目的，尤其当发现该障碍的出现是恶意的或不合理的，愤怒便会勃然而生，甚至会对阻挠对象产生攻击行为。

愤怒是大学生常见的一种消极情绪。精力充沛、血气方刚的大学生，其情绪识别能力、情绪调控能力并不成熟，好激动，易动怒。例如，有的大学生面对一件不顺心的小事就会暴跳如雷，有的因别人的观点或意见与自己相左而恼羞成怒等。这种情绪对大学生的影响是极其有害的。

克服愤怒情绪的办法有：第一，加强修养，开阔心胸；第二，冷静克制；第三，合理疏泄。

对点案例

一次讨论课上，同学们纷纷描述自己平时生气、激动时的做法，其中一位同学说："我每次生气的时候就想砸东西，而且一定要越贵越好，越大越好，砸完我就觉得心情特别舒爽。有一次我生气的时候就想象我要是能把我家的电冰箱从22楼的窗户上扔下去，那一定很爽。"

(六)嫉妒

嫉妒是指因他人在某些方面胜过自己而引起的不快甚至痛苦的情绪体验。大学生的嫉妒心理主要表现在以下几个方面。

1. 学业方面

学习是大学生的主导活动。学分、评优、保研等许多新问题、新情况需要大学生去面对、适应，如果处理不好，就会产生嫉妒心理。它不仅表现在学困生对学优生的嫉妒，而且也产生在学优生之间。个别学优生在学业上得到的赞誉比较多，已经习惯了自己的"优越"地位，一旦成绩下滑，就会产生心理落差，从而产生嫉妒心理。

2. 人际方面

大学生正面临着认同危机，由于缺乏必要的人际交往知识和技巧，极易引发人际冲突。部分大学生在班级中地位偏低，在集体中长期受到忽视和排斥，当看到其他同学学习成绩优秀、工作出色、人缘好时，心里就会苦恼，甚至妒火中烧，产生莫名其妙的怨恨之情，造成同学关系紧张。

3. 感情方面

嫉妒也是大学生恋爱中常见的一种心理状态。这种嫉妒是由于爱情的排他性、占有心理、过度关注、猜疑心等引起的。处于恋爱中的青年男女常常把对方看作自己的。一旦发现恋人同其他异性接触，便会顿生无名火，产生嫉妒心理。失恋者带着愤怒的心情对曾经的恋人进行报复，也是嫉妒心理的另一种表现。

4. 外貌方面

同处一个集体，有的大学生天生丽质，有的却相貌平平。这时，那些相貌出众的大学生就容易成为被嫉妒的对象（尤其表现在女生身上）。特别是当自己的容貌成为前进的绊脚石时，有些大学生就认为是别人给自己制造的痛苦，因而对相貌出众者产生嫉妒，采取贬低、冷落甚至恶意中伤他人等行为来消除内心的不平。

5. 经济方面

大学生是经济不独立或不完全独立的群体，很多费用尚需家庭支付。但来自贫困地区的大学生不得不靠勤工俭学、助学贷款和领取贫困补助支付学费和生活费。当他们看到经济条件好的同学花钱大方而自己却囊中羞涩时，就会产生自卑心理，并对经济条件好的同学产生一种憎恨与羡慕、愤怒与怨恨、屈辱与虚荣交织的复杂心理。

6. 择业方面

择业方面的嫉妒心理常出现在即将毕业的大学生身上。当前就业竞争激烈，在一定程度上给即将就业的大学生造成了巨大的打击，个别人排斥、挖苦、疏远、为难比自己优秀的人，以宣泄自己的不满情绪，求得心理平衡。

克服嫉妒的方法有：①开阔视野，开阔心胸，懂得"天外有天，人外有人""强中自有强中手"的客观规律。②学会转移注意力，使生活充实起来，以期取得成功。例如，积极参与各种有益身心的活动，使大学生活真正充实起来，嫉妒的毒素就不会滋生、蔓延。③学习并欣赏别人的长处，化嫉妒为动力。采取正确的比较方法，这样就会使自己失衡的心理天平重新恢复到平衡状态。④建立正确的自我意识，提高自我意识水平，正确地评价自己和别人。

对点案例

学生 F 和学生 G 从大一入学起就建立了良好的友谊，在军训期间更是成为形影不离的好朋友。两人商量一起加入学生会，便都向学生会递交了申请。一周之后 F 收到了学生会发来的通知参加竞选，而 G 什么都没等到，G 很难过，觉得自己连海选都没入围，一定是不够优秀，并且还真心地向 F 表达祝贺，亲自到场给 F 加油鼓劲。在现场看其他同学演讲的时候，她虚心询问了学长她没能入围的原因，谁知学长却说压根没有看到她的申请表。事后 G 去质问 F 到底怎么回事，原来 F 害怕 G 跟她竞争，竟然偷偷拿走了 G 的申请表。F 这样做的理由只有一条：嫉妒。而这一致命的缺陷毁掉了两个年轻人的友谊。

三、大学生情绪问题的影响因素

大学生正处于生理、心理及思想的变化时期，其情绪主要受下面两大因素的影响。

（一）客观因素

客观因素主要是指个体生存发展所必需的外在生活环境，也是大学生产生情绪问题的主要因素。

1. 社会因素

当今社会正处于急剧变革时期，生活节奏逐渐加快，社会竞争日趋激烈，各种思潮纷乱杂陈。多变的环境给大学生的心理带来了极大的冲击。大学生通过各种渠道接受新鲜事物，但因缺乏社会生活的磨砺，社会阅历浅，心理应对和承受能力较差，情绪及心理状态很不稳定，以及缺乏明辨是非、决定取舍的能力，对各种社会现象不能正确认识，出现盲目乐观或盲目悲观现象，这往往容易引发心理与行为的严重失调，极易导致自卑、逆反、焦虑、抑郁等情绪问题的产生。

2. 学校因素

目前，高校改革不断深化，招生规模不断扩大，为高校办学带来了一系列变化，如交费制度、奖贷学金制度、学业淘汰机制及就业制度的逐步变更、完善。同时，为了适应市场需求，提高自身办学水平，培养为社会所需要的优秀人才，高校对学生的学习、综合素质等方面也提出了更高的要求，并制定了完善的考核标准。这一切无不影响着每一个大学生，冲击着他们心理，并成为大学生消极情绪产生的诱因之一。

3. 家庭因素

家庭是社会的基本细胞，更是人才成长的启蒙学校。家庭环境对学生情绪、情感水平的培养有着非常重要的影响。家庭环境的影响主要体现在：①家庭的变化。当前，社会转型、生活节奏加快，对家庭的冲击较大。家庭经济状况、家庭成员之间的亲疏关系，以及单亲家庭、下岗家庭等问题增多，导致自尊心极强的大学生心理压力较大，这些都影响着大学生的情绪。②家长的期望。现在的大学生大多是独生子女，家长的教育态度、教育方式，对子女过高的期望或要求，以及过于急切的心态，无不加重其子女的心理负担，易引发其高度焦虑和极度苦闷不安等情绪。③学生的感受。个别大学生因体验不到家庭环境所给予的温暖或感受不到父母对自己的关爱和体贴，也极易产生抵触、冷漠、厌世等消极不良情绪。

（二）主观因素

实践证明，环境因素必定会对大学生的情绪产生一定的心理影响，但大学生自身的改变才是其情绪变化的决定性因素。

1. 适应能力差

大学生的独立意识和参与意识逐渐增强，希望尊重自我的选择，凡事想依靠自己的力量，处处彰显自己的主张。一方面，他们关心时事，积极参加校内外各种活动，希望在各方面取得成功；另一方面，多数大学生是独生子女，虽独立性比较差、攀比意识强、对他人有较强的依赖性、缺乏社会经验和独立生活能力，但过强的自尊驱使他们不愿意接受生活自理能力差、实力不如人的事实，因而对生活中的困难估计不足，缺乏必要的心理准备。这种依赖性和自主性的矛盾心理使部分大学生对大学生活出现了严重的不适应，极易陷入孤独无助、自怜悲伤和抑郁的情绪状态。

2. 认知偏差

大学校园群英荟萃，人才济济。很多大学生的自我意识尚不够健全，对自己缺乏正确客观的认识，往往习惯于过高或过低地评价自己，不能摆正自己的位置，对矛盾心理缺乏客观的分析和理解，不愿正视现实，遇到困难挫折时很容易产生自卑情绪。

大学生一般比较自信，成就动机很强，自我期望值很高，对学习、工作、生活条件和环境及人际关系常常提出过高的要求，忽略客观条件的限制。一旦遇到挫折，就会大失所望，感到理想破灭，容易导致情绪低落、萎靡不振、自暴自弃的心理或对他人的敌意情绪。这是造成大学生心理困扰的重要原因。

3. 人际关系问题

大学生渴望友谊，对人际关系的期望值较高，对人际交往充满浓厚的理想主义色彩，一旦期望受阻，就容易因失望而对人际交往产生消极冷漠的情绪。另外，还有些大学生有封闭心理，内向腼腆，不善言谈，担心不被人重视接纳，总是游离于校园交际圈之外，便容易陷入自卑、孤独、紧张、焦虑情绪之中而不能自拔。当上述心理困扰发生时，若无处排解倾诉、得不到及时的咨询与辅导，就可能引发精神上的疾病。

4. 恋爱的困惑

大学生的性功能已趋成熟，他们渴望与异性交往，充分抓住机会展示自己，积极追求美好的爱情。但由于其心理尚未完全成熟，情绪有较大波动性，对爱情的理解又过于浪漫，且承受挫折的能力不足，一旦理想化的情感与现实发生冲突，就极易因难以接受失恋等挫折而心灰意冷、一蹶不振，甚至走向极端，如采取毁灭行为。

5. 重要丧失

大学期间的重要丧失也会对大学生的情绪产生重大影响，主要包括：①深造的丧失，如考级失利、考研失利等；②荣誉的丧失，如竞选、评优、评奖学金失利等；③情感丧失，如失恋、挚友失和等；④家庭的丧失，如亲人去世、家庭发生重大变故等。这些都会对大学生的情绪造成一定的影响。特别是负性生活事件的影响巨大，如果不及时调整，极易引发情绪问题。

6. 人格缺陷

人格缺陷包括内向、自卑、自负、敏感、懦弱、孤僻、自我中心、冲动、过激、易失控等。心理学研究表明，一个存在人格缺陷的大学生，必定会比他人遭遇更多的挫折，承受更多的痛苦。而且有的大学生本身就有神经或精神方面的疾患，又讳疾忌医，最终可能因抑郁情绪的长期积累而产生严重的心理疾病。

第三节　理性关照情绪，合理释放情绪能量

一、情绪的控制

情绪的控制是指选择情绪反应的方式和内容以及情绪反应的程度。情绪的控制方式主要有以下几种。

(一)情绪管理四部曲

1. WHAT——我现在有什么情绪

有一段时间，许多大学生意识到自己在描述内心感受时只会说一个词"郁闷"，似乎除了郁闷已经感觉不到其他情绪，或者已然分不清自己到底有什么情绪。事实上，很多大学生(包括研究生)常将"郁闷"挂在嘴边，愤怒的时候郁闷，失望的时候郁闷，惆怅的时候也还是郁闷。由于我们平常比较容易压抑感觉，或者常认为有情绪是不好的，常常忽略真实的感受，因而情绪管理的第一步就是要先能察觉自己的情绪。

接下来就是接纳。情绪没有好坏之分，感受也没有对错，只要是我们真实的感受，我们就要学习正视、接受它。只有当我们认清自己的情绪，知道自己现在的感受，才有机会掌握情绪，也才能为自己的情绪负责，而不会被情绪左右。

2. WHY—我为什么会有这种情绪

确定自己在生气、难过、无助之后，反问自己："我为什么生气？我为什么难过？我为什么觉得无助？我为什么……"找出原因，我们才知道这样的反应到底是否正常。找出引发情绪的原因，我们才能对症下药。

3. HOW——如何有效处理情绪

想想可以用什么方法来舒缓自己的情绪呢？平常当你心情不好的时候，你都怎么办？什么方法对你比较有效呢？以下介绍几种方法供参考。①让心情平静：深呼吸、肌肉松弛法、静坐冥想、运动、到郊外走走、听音乐等；②让情绪宣泄：大哭一场、找人聊聊、涂鸦、用笔抒情等；③改变内在的自我对话：我们怎么想就会有什么样的感觉，然后就会怎么做。

影响我们的常常不是事件本身，而是我们对事件的看法。例如，一个老婆婆有两个女儿，大女儿卖米，小女儿卖伞，天晴了她就发愁小女儿的伞卖不出去，下雨了她就发愁大女儿没法卖米，后来有人劝她："你为什么不能反过来想呢？下雨天小女儿可以卖伞，天晴了大女儿可以卖米，都挺好的啊。"这样一说，她马上就觉得不那么发愁了。

同样一件事情，若能从正面、乐观的方向来思考，就会使自己充满喜悦与希望。也许你可以检视一下自己，是不是常常有一些不合理的想法或者常常持悲观的态度呢？你是不是常常告诉自己"糟透了""完了""我真倒霉啊""我每件事都做不好"……有时，让我们心情不好的不是别人，也不是不顺心的环境，而是我们自己，那些内在负面的自我对话遮住了灿烂的阳光。

4. 使用"I statement"，直接向对方表达情绪

有些人为了直接表达情绪，于是开始将内心的任何感受一倾而出："你这样做让我很生气""你一再失约让我很失望""你好扫我的兴"……将情绪表达演绎成责骂，将自己感觉的责任归咎于对方，不仅加剧冲突，也会让自己感觉更糟。所以我们要做的不是发脾气，而是冷静地将情绪说出来，告诉对方自己的感受，好好地沟通，其结果可能大不相同。

正确的情绪表达是需要以"I statement"为主，即以"我觉得……"为轴心，这种表达是一种分享感觉的表达方式，而不是攻击、责备、批评或抱怨。"I statement"的表达可以简单地以下列公式来说明：当……时候（陈述引发情绪的事情或言行），我觉得……（陈述感受），因为……（陈述理由）。

（二）理性情绪疗法（RET）

理性情绪疗法（Rational-Emotive Therapy，RET）是由美国心理学家阿尔伯特·艾利斯（Albert Ellis）于 20 世纪 50 年代创立的。理性情绪疗法的治疗模型是"ABCDE"，是在艾利斯的情绪 ABC 理论基础上建立的。

艾利斯认为人的情绪和行为障碍不是由于某一应激事件直接引起，而是经受这一事件的个体对它不正确的认知和评价所引起的信念，最后导致在特定情境下产生消极情绪和引发不良行为后果，这就是情绪 ABC 理论（见图 3-1）。A 是指诱发事件（Activating Events）；B 是指个体在遇到诱发事件之后相应产生的信念（Beliefs），即他对这一事件的看法、解释和评价；C 是指在特定情境下个体的情绪及行为的结果（Consequence）。人们通常认为情绪和行为后果的反应是直接由应激事件引起的，即 A 引起 C，情绪 ABC 理论则认为 A 只是 C 的间接原因，B（个体对 A 的认知和评价产生的信念）才是直接原因。

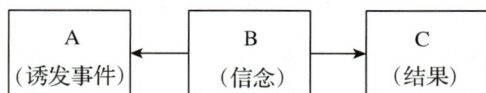

A （诱发事件）	B （信念）	C （结果）

图 3-1　情绪 ABC 理论

（三）转移注意力

转移注意力就是把注意力从引起不良情绪反应的刺激情境转移到其他事物上或从事其他活动的自我调节方法。转移注意力为什么能起到控制不良情绪的作用呢？心理学家认为，发生情绪反应时，大脑中心有一个较强的兴奋中心，此时如果另外

建立一个或几个新的兴奋点，就可以抵消或冲淡原来的兴奋中心优势。因此，当自己火气上涌时，有意识地转移或做别的事情来分散注意力，就能使情绪得到缓解。

知识链接 📖

学说三句话

"算了吧！"——人一生中有许多事，可能你付出再多努力都无法达到，因为一个人目标的实现要受各种条件的限制，只要自己努力过、争取过，结果就不是很重要了。

"不要紧！"——不管发生什么事，没有过不去的坎。上天在关上一扇门时，必定会打开一扇窗，那么现在要做的就是寻找那扇窗。

"会过去的！"——不管雨下得多么大，连续下了多少天，你都要对天晴充满信心，因为一切都会过去的。不论何时，以积极的心态面对生活，坚信总有雨过天晴之时。

(四)合理宣泄

情绪既然是健全心理中不可缺少的一面，那我们对正常的情绪就不能过多压制，而要加以宣泄。当情绪发作时，人体内潜藏着一股能量，须借情绪的发泄来加以释放，否则积聚起来，将有害身心。身体上常见的有胃病、高血压和心脏病等，心理上常见的是心理紧张、神经症以及精神病。

情绪的宣泄有直接和间接两种方式。直接的宣泄就是直接针对引发情绪的刺激来表达情绪。当直接发泄对于别人或自己不利时，可用间接发泄使情绪找到出口。心中有了不平之事，可以向老师汇报，向周围朋友或亲友倾诉，并接受他人的建议和批评，通过自己感情的充分表露与从外界得到反馈，增强自我认识而改变不适当的行为。

心理实验室 ✦

心理学家做了个实验：让几个人把未来七天的烦恼写下来，投入箱子，3周之后打开，结果发现，9成的烦恼并未真正发生；又让他们把现在的烦恼写下来，投入箱子，3周之后打开，结果发现，绝大多数的烦恼已不再是烦恼。可见，烦恼这东西，是担忧得多、出现得少，大多数烦恼是庸人自扰。

(五)合理控制

人们要合理控制自己的情绪，对正常情绪应当宣泄，对不良情绪则要控制。要控制情绪，首先，必须承认某种情绪的存在；其次，要弄清产生该种情绪的原因；最后，对于使人不愉快的挫折情境要寻求适当的途径去克服它或者躲开它。当自己情绪不良时，可以用以下方法进行控制。

1. 理智

当面对挫折时，人应当以对事物的理性认识来控制个人的情绪。当忍不住要动怒时，要冷静审察情势，检讨反省，以决定发怒是否合理，发怒的后果如何，以及有无其他更为适当的解决办法，经过如此"三思"，便能消除或减轻心里的愤怒，使情绪渐趋平复。具有辩证观点的人往往比较理智，很多表面看上去令人悲伤的事件，如果从另外一个角度看，常可发现某些正面的、积极的意义。塞翁失马，焉知非福？坏事、好事是可以转化的。与人发生争执时，倘能设身处地地站在对方的立场上想一想，也就心平气和了。

2. 幽默

高尚的幽默是精神的消毒剂，是有助于个人适应情境的工具。当一个人发现一种不调和的或对自己不利的现象时，为了不使自己陷入激动状态和被动局面，最好的办法就是以超然洒脱的态度去应对，幽默不失为一种优先选择的方式。一个得体的幽默往往可以使本来紧张的情况变得比较轻松，使一个窘迫的场面在笑语中消逝，使愤怒、不安的情绪得以缓解。善于幽默的人，不开庸俗的玩笑，更不随便拿别人开心，而是以机智的头脑、渊博的学识，巧妙诙谐地揭露事物的不合理成分，既一语中的，又使人容易接受。在一些非原则性问题上，宁可自我解嘲，也不去刺激对方，激化矛盾。

小故事

独木桥

一天，苏格拉底走到一座独木桥上，对面走过来一个人，是敌视他的人。当他们走到一起的时候，敌视苏格拉底的人很苛刻地对他说："我绝不会给一个傻瓜让路。"

苏格拉底听了他的话，不但没有生气，反而友好地对他说："我正和你相反。"

那个人听了苏格拉底的话，不好意思地让路了。

3. 升华

升华即将不为社会所认可的动机或欲望引向比较崇高的方向，使其具有创造性、建设性。升华是对情绪的一种较高水平的宣泄，是将情绪激起的能量引导到对人、对己、对社会都有利的方面去。当一个人遇到不公平的事情时，一味地生气、憋气或颓唐绝望都是无济于事的，做出违反法律的报复行动更是下策，是在用别人的错误惩罚自己。正确的态度应该是有志气、争口气，将挫折变成动力，做生活中的强者。例如，化悲愤为力量，将负面情绪转化为自己未来做事的动力，反而能成就自己。

4. 合理化

当一个人追求某种事物而得不到时，为了减少内心的失望，常为失败找一个冠冕堂皇的理由，用以安慰自己，就像吃不到葡萄说葡萄酸的狐狸一样，这被称作"酸葡萄心理"。与此相反的是"甜柠檬心理"，即用各种理由强调自己所拥有的东西都是好的，以此来冲淡内心的不安与痛苦。这种自欺欺人的方法偶尔用一下作为缓解情绪的权宜之计，对于帮助人们在极大的挫折面前接受现实、接受自己、避免精神崩溃不无益处。若用得过多，成为个人的主要防卫手段，则是一种病态，会妨碍自己去追求真正需要的东西。

5. 放松

人们还可以用自我放松法控制情绪，即按一套特定的程序，以机体的一些随意反应去改善机体的另一些非随意反应，用心理过程来影响生理过程，从而取得松弛的效果，使紧张和焦虑的情绪消除。我国的气功、印度的瑜伽等均属于此类。

知识链接

放松训练的方法

呼吸放松法

我们可以先清楚地觉察和意识自己的呼吸状况。我们在躺着的时候采用的是腹式呼吸，所以可以躺下来体验。

①穿舒适宽松的衣服，保持舒适的躺姿，两脚向两边自然张开，一只手臂放在上腹，另一只手臂自然放在身体一侧。

②缓慢地通过鼻孔呼吸，感觉吸入的气体有点凉，呼出的气体有点暖。吸气和呼气的同时，感觉腹部的涨落运动。

③保持深而慢的呼吸，吸气和呼气的中间有一个短暂的停顿。

④几分钟过后，坐直，把一只手放在小腹，把另一只手放在胸前，注意两手在吸气和呼气中的运动，判断哪一只手活动更明显。如果放在胸部的手的运动比另一只手更明显，这意味着我们采用得更多的是胸式呼吸而非腹式呼吸。我们要多运用腹式呼吸。

利用呼吸提示自己身上哪些部位还很紧张，想象气体从那些部位流过，带走了紧张，以达到放松的状态。

肌肉放松训练

肌肉放松法通过让人有意识地感觉主要肌肉群的紧张和放松，从而达到放松的目的。试一下这种感觉：将你的右手握成拳，攥紧些，再紧一些，然后感觉一下手和前臂的紧张状态，让这种感觉进到手指、手掌和前臂。然后再放松你的手，注意紧张和放松之间感觉的差异。你可以闭上眼睛再做一次，意识到那种紧张，再放松，让紧张感流走。

肌肉放松的长远目标是使身体即时监督大量的控制信号，从而自动地缓解不需要的紧张。所以我们可以试试这种方式：采用坐的姿势，拿掉一些束缚的东西如手表之类。将注意力集中在每个肌肉群（手臂、脸和颈部，胸，肩，背，腹部，腿和脚），放松，试着察觉哪些部位还比较紧张，对这些肌肉群进行放松。

放松训练对于应付紧张、焦虑、不安、气愤的情绪与情境非常有用，可以帮助人们振作精神，恢复体力，消除疲劳，稳定情绪。这与中国的气功、太极拳、站桩、坐禅等很相似，有助于全身肌肉放松，促进血液循环，平稳呼吸，增强个体应对紧张事件的能力。而且在方法上，放松训练比气功等更为简便易行，不需要很多时间学习。

想象放松法

①要有一个空间，可以一个人安静地待着。

②确保感觉舒适，房间温暖，穿舒适的衣服，排空肠胃，餐后 1 小时内不做练习。

③后背挺直，身体放松，平躺在床上或坐在沙发上，眼睛全闭或半闭。

④吸气，通过鼻腔向下进入腹腔，确保呼吸规律、缓慢、均匀。

⑤集中注意力在一个风景、物体、单词、短语或自己的呼吸上。

想象一个你熟悉的、令人高兴的、具有快乐联想的景致，或校园或公园。仔细看着它，寻找细致之处。如果是花园，找到花坛、树林的位置，看着它们的颜色和形状，尽量准确地观察它。此时，张开想象的翅膀，幻想你来到一个海滩，你躺在海边，周围风平浪静，波光熠熠，一望无际，使你心旷神怡，内心充满宁静、祥和。

随着景象越来越清晰，幻想自己越来越轻柔，飘飘悠悠离开躺着的地方，融进环境之中。阳光、微风轻拂着你。你已成为景象的一部分，没有事要做，没有压力，只有宁静和轻松。闭上双眼，想象放松每一部分紧张的肌肉。在这种状态下停留一会儿，然后想象自己慢慢地又躺回海边，景象渐渐离你而去。再躺一会儿，周围是蓝天白云，碧浪沙滩。然后做好准备，睁开眼睛，回到现实。此时，头脑平静，全身轻松，非常舒服。

⑥对外界引起分心的事情养成被动、放松的态度。

⑦有规律地进行练习，至少一周 6 天，坚持 3 个星期看看。

自主训练

它是德国脑生理学家格特在 1890 年提出的，后经德国舒尔茨修订，并广泛使用。自主训练有 6 种标准程式，即沉重感（伴随肌肉放松）、温暖感（伴随血管舒张）、缓慢的呼吸、心脏慢而有节律地跳动、腹部温暖感、额部清凉舒适感。训练在指导下缓慢呼吸，由头到脚逐个部位体验沉重感，达到全身的放松。

二、情绪的调节方法

(一)意识调节法

人的意识能够调节情绪的发生，并能控制情绪的强度。思想修养水平高的人往往比思想修养水平较低的人能够更有效地调节情绪。一个人要努力用意识来控制情绪的变化，在很多情况下，可以用"我应……""我能……"加上要想做的事情来调控自己的情绪。

(二)语言调节法

语言是一个人情绪体验强有力的表现工具。通过语言可以引起或抑制情绪反应，即使不出声的内部语言也能起到调节作用。例如，我们经常能看到有人将"忍"字悬挂于室内，这就是用语言调节情绪的表现。

(三)注意转移法

注意转移即把注意从自己消极的情绪上转移到有意义的方向上。人们在苦闷、烦恼的时候，看看调节情绪的影视作品、读读回忆录都能收到良好的效果。

(四)行动转移法

克服某些长期不良情绪的方法，可以用新的工作、新的行动去转移负性情绪的干扰。人最大的心理疾患在于患得患失，最大的精神负担莫过于名利枷锁。人不可一味地追逐名利，也不能缺乏上进心和奋斗精神。养生首先要养心，养心要淡泊名利。知足常乐，身心健康。美术大师刘海粟先生年逾九十，仍精神焕发，挥毫自如。他的长寿秘诀是："宠辱不惊，看庭前花开花落；去留无意，望天上云卷云舒。"一个人学会乐观，淡泊名利，保持健康情绪，命运就会永远掌握在自己的手中。

知识链接

调节情绪的音乐

有助于催眠的乐曲有《二泉映月》《摇篮曲》《军港之夜》《平湖秋月》，舒曼的《梦幻曲》，门德尔松的《仲夏夜之梦》，莫扎特的《催眠曲》，德彪西的钢琴前奏曲。

有助于减轻内心焦虑不安、降血压的乐曲有琴曲《梅花三弄》《春江花月夜》《空山鸟语》，艾尔加的《威风凛凛》，勃拉姆斯的《匈牙利舞曲》。

有助于克服精神抑郁的乐曲有笛子独奏《喜相逢》，二胡独奏《光明行》，京胡独奏《夜深沉》《步步高》《春天来了》《喜洋洋》《江南好》，莫扎特的《第四十交响曲 G 小调》，盖希文的《蓝色狂想曲》，德彪西的管弦乐组曲《大海》。

有助于松弛精神、解除疲劳的乐曲有《彩云追月》《牧童短笛》《十五的月亮》，比才的《卡门》。

振奋精神的乐曲有民族音乐《得胜令》《金蛇狂舞》《步步高》，贝多芬的《命运交响曲》，博克里尼的《A 大调大提琴奏鸣曲》，苏佩的《轻骑兵序曲》，莫扎特的《土耳其进行曲》。

克服烦躁、易怒的乐曲有《塞上曲》，琴曲《流水》，二胡《汉宫秋月》《阳关三叠》《梅花三弄》《云水禅心》。

体验活动

感恩拜访练习

闭上眼睛，请想出一个健在的人，他多年前的言行曾让你的人生变得美好。你从来没有好好感谢过他，但下个星期你就会去见他，你想到谁了吗？

感恩可以让你的生活更幸福、更满足。在感恩的时候，对人生中美好事情的回忆能让我们身心受益。同时，表达感激之情也会加深我们与对方之间的关系。不过，有时候我们说"谢谢"说得很随意，使感谢变得几乎没有意义。在这个叫作"感恩拜访"的练习中，你可以用一种周到、明确的方式，体验如何表达你的感激之情。

你的任务是给这个人写一封感谢信，并亲自递送给他。这封信的内容要具体，大约有 400 字。在信中，你要明确地回顾他为你做过的事，以及这件事如何影响到你的人生。让他知道你的现状，并提到你是如何经常想到他的言行的，要写得动人心弦。

写完这封感谢信后，打电话给这个人，告诉他你想要拜访他，但是不要告诉他此行的目的。当一切都在意料之外时，这个练习会格外奏效。见到他后，慢慢地念你的信，并注意他和你自己的反应。如果你在念的过程中，被对方打断，请告诉他，你真的希望他先听你念完。在你念完每一个字后，你们可以讨论信的内容，并交流彼此的感受。

5～6 人一个小组分享彼此的感受。

课堂演习

话剧社小美习惯用吃东西来减压，刚开始还好，的确可以迅速转移注意力，缓解压力，可是贪吃带来的更多问题让她很沮丧。小美去了学校的心理咨询中心寻求帮助，心理咨询中心的老师并没有直接告诉小美戒掉贪吃的习惯，只是让她先找找以往有什么成功的改善情绪的方法。小美有些疑惑，难道吃东西这种方法是可行的吗？除此之外，还有哪些更好的方法呢？

如果你是小美的同学，你会怎么回答这两个问题呢？

推荐资源

[1] [美]阿尔伯特·艾利斯:《让你快乐起来的心理自助法》,李迎潮、李孟潮译,北京,中国人民大学出版社,2010。

[2]电影:《美丽人生》。

第四章 走近人格，完善个性

1. 了解人格的内涵及特征。
2. 掌握人格的结构。
3. 了解大学生健全人格的标准。
4. 了解大学生常见的人格问题及表现。
5. 掌握大学生塑造健全人格的方法。

思维导图

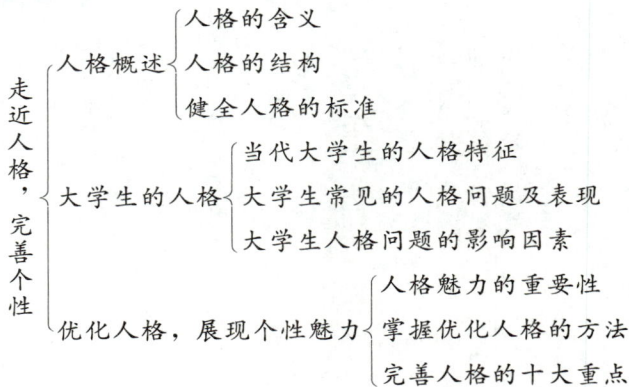

身边的故事

压抑的小明

小明平日里话不多，为人沉默寡言，又内向被动，待人接物也是小心翼翼，同时又敏感多疑。同学们都觉得跟他相处起来特别有压力，总觉得需要非常小心，时常害怕哪里没顾及就让小明多想了。有的时候同学只是一句玩笑话，就能刺激到小明，让小明难过很久，而同学也会感觉内心压抑，觉得自己不会和小明交往了。

故事导读

小明的这种人格问题严重影响了他与同学之间的关系。小明没有一个好朋友，他感到很孤独。人格的异常对于大学生的影响是巨大的。健康的人格是大学生成才的必备条件，是大学生在自身所处的社会环境中保持良好的认识水平、平稳的情绪情感、恰当的行为方式和正常的社交与职业关系的前提。健康的人格塑造是一个长期的过程，是在潜移默化中不断改造、不断提升的过程。

第一节　人格概述

一、人格的含义

（一）人格的概念

人格是指反映个体独特而相对稳定的心理行为模式。人格（personality）源于拉丁文"persona"，本意是指面具。"面具"原意是指古希腊罗马时代戏剧演员在舞台上扮演角色时所戴的假面具，这种面具类似于中国的京剧脸谱，用来表现剧中人物的身份和性格。后来，"面具"引申为"个性"，心理学上的个性包括两方面的含义：一是个体在人生舞台上所表现出的种种言行，人格所遵从的社会准则，这是我们可以观察到的外显的行为和人格品质；另一方面是内隐的人格成分，即面具后面的真实自我，是人格的内在特征。

人格是一个人的整体精神面貌，即具有一定倾向性的心理品质或心理特征的总和。

对于人格的概念，不同心理学家有着不同的界定。本书认为，人格是各种心理特征的总和，也是各种心理特征的一个相对稳定的组织结构，在不同的时间和不同的地点影响着一个人的思想、情感和行为，使其具有区别于他人的稳定而独特的心理品质。

(二)人格的特征

1. 人格的整体性

人格的整体性是指人格是一个完整的、统一的结构，每种心理特征有机地结合在一起，它们之间相互联系、相互制约，共同组成一个有机的整体。人格的整体性表现为内在协调统一，人格的统一性是人格健康的标志。个体能够正确地认识和评价自己，协调主客关系，及时调整内心的矛盾、冲突，使其动机和行为保持和谐一致。个体的人格一旦失去了内在统一，就可能引发各种心理冲突，其行为由几种相互抵触的动机支配，最终导致人格分裂。

人格的整体性首先表现在各种心理成分的一致性上。一个正常人总是能及时调整人格中的各种矛盾，使人的心理和行为保持一致。如果没有这种一致性，人就会长期处于对立的动机、价值观、信念的斗争中，内心冲突就会激烈，其行为就会严重失调，会形成多重人格。人格的整体性还表现在构成个体人格的各种成分中，有的是主要的，起主导作用；有的是次要的，起辅助作用。起主导作用的成分决定个体人格的基本特征。

2. 人格的稳定性

人格的稳定性是指个体经常表现出的一贯的行为模式，具有跨时间的持续性和跨情境的一致性。人格是在人的成长过程中逐渐形成的，一旦形成就具有相对的稳定性。孔子说："三十而立，四十而不惑，五十而知天命。"从人的成长过程来看，"三十而立"意味着人的社会化过程基本完成，人格特征进入相对稳定的阶段。

随着年龄的增长，人格特征变得日益稳固。人格具有相对的稳定性，因而人格可以成为我们认识和了解一个人的主要层面。应当注意的是，个人行为中偶然表现出来的一时的心理特征不能称为人格特征，只有经常性的、在大多数情况下都得以表现的心理现象才是人格特征的反映。

人格的稳定性是相对的，一个人的人格也会随着生活环境、文化背景甚至身体条件的变化而变化，如长期住在国外的人信仰、价值观会发生变化，一场大病也可使原本活泼开朗的人变得沉默寡言。

3. 人格的独特性和共同性

人格的独特性是指人与人之间的心理行为各不相同。"人心如面，各不相同。"世界上没有两片完全相同的树叶，也没有两个完全相同的人。人格是在遗传、环境、教育等因素相互作用下形成的，每个人的遗传素质不同，生活环境不同，因而每个人都有自己独特的心理特点，这就构成了人格的独特性。在日常生活中我们可以看到各种个性的大学生，他们在能力、气质、性格、动机等方面各不相同。人格受多因素的作用，每个人的人格都有各自的特点，如有人外向，有人内向，有人喜欢交际，有人喜欢独处。人格虽然具有独特性，但是人们在心理和行为上也具有一定的共同性：同一民族、同一阶层、同一群体的人具有相似的人格特征，如勤劳勇敢是中华民族共同的传统美德。因此，人格是独特性和共同性的统一。

4. 人格的社会性和生物性

生物因素为人格的发展提供了物质前提，是人格形成的基础，影响人格发展的方向和方式。因此，人格的发展具有生物性。

人一出生就在一定的社会条件下生活，人的成长过程也是一个社会化的过程。社会因素将人类发展的可能性转化为现实。社会制度、文化氛围、社会地位、民族、家庭等一系列的社会环境影响着人格的形成。一个人的人格必然会反映出他生活在其中的社会文化特点及所受的教育影响。人格是社会性和生物性的统一体，生物因素是人格形成的物质前提和基础，社会环境是人格形成的决定性条件。

小故事

"狼孩"的故事

1920年10月，印度传教士辛格（Singh，J. A. L.）在印度加尔各答的丛林中发现两个被狼哺育的女孩。大的约8岁，小的1岁半左右。据推测，她们是在半岁左右时被母狼带到洞里去的。

辛格给她们起了名字，大的叫卡玛拉（Kamala），小的叫阿玛拉（Amala）。当她们被领进孤儿院时，一切生活习惯都同野兽一样，不会用双脚站立，只能用四肢走路。她们害怕阳光，在太阳下，眼睛只开一条窄缝，而且不断地眨眼。她们习惯在黑夜里看东西。她们经常白天睡觉，一到晚上则活泼起来。每晚10点、1点和3点循例发出非人非兽的尖锐的怪声。她们完全不懂语言，也发不出人类的音节。她们两人经常动物似地蜷伏在一起，不愿与他人接近。她们不会用手拿东西，吃起东西来狼吞虎咽，喝水也和狼一样用舌头舔。吃东西时，如果有人或动物走近，便呜呜作声去吓唬人。在太阳下晒得热时，就张着嘴，伸出舌头来，和狗一样喘气。她们不肯洗澡，也不肯穿衣服，并随地便溺。

她们被领进孤儿院后，辛格夫妇异常爱护她们，耐心抚养和教育她们。总的来说，阿玛拉发展得比卡玛拉快些。进孤儿院两个月后，阿玛拉渴时，开始会说"bhoo（水，孟加拉语）"，并且较早对别的孩子的活动表现出兴趣。遗憾的是，阿玛拉进院不到一年便死了。卡玛拉用了25个月才开始说第一个词"ma"，4年后一共只学会了6个字，7年后增加到45个字，并曾说出用3个字组成的句子。进院后16个多月，卡玛拉才会用膝盖走路，2年8个月才会用两脚站起来，5年多才会用两脚走路，但快跑时又会用四肢爬行。卡玛拉一直活到17岁。但她直到死还没真正学会说话，智力只相当于三四岁的孩子。

这个故事说明人是环境的产物，出生后所处的环境在一定程度上影响着孩子将成为什么样的人。

二、人格的结构

人格结构是多层次的，它包括个性心理倾向和个性心理特征。个性心理倾向包括需要、动机、兴趣、理想、信念、价值观，个性心理特征包括气质、性格、能力。其中，气质、性格是人格的重要组成部分。

（一）气质

1. 气质的含义

气质（temperament）源于拉丁语"混合"。它是表现在心理活动的强度、速度、灵活性与指向性等方面的一种稳定的心理特征。俗话说"江山易改，秉性难移"，这里的"秉性"就是指气质。这里所说的气质和我们在日常生活中理解的不同，日常生活中我们认为气质是对一个人形象或气场的赞美，但这里的气质是指脾气、秉性或性情，是相对稳定的个性特征，与遗传素质联系密切。就气质的外在表现而言，在环境和教育的影响下，随着自身修养的增强，它也会发生某些改变，但内部的质变是很难产生的。因此，与能力、性格等个性心理特征相比，气质更具有稳定性。气质作为人的神经系统基本特性的体现，在很大程度上是与生俱来的。由于气质是个性心理中受先天生物因素影响较大的部分，因此在人出生的最初阶段就可以观察到某些特点。

2. 气质的类型及特点

气质是一个古老的概念。早在古希腊时期，医学家希波克拉底在临床观察中就发现，不同的患者的言谈举止和行为表现各有特色或截然不同。他经过研究认为，人体含有四种不同的体液，即血液、黏液、黄胆汁和黑胆汁。它们分别产生于心脏（血液）、脑（黏液）、肝脏（黄胆汁）和胃（黑胆汁）。希波克拉底认为，四种体液形成了人体的性质，机体的状况取决于四种体液的正确配合。在体液的混合比例中，血液占优势的人属于多血质，黏液占优势的人属于黏液质，黄胆汁占优势的人属于胆汁质，黑胆汁占优势的人属于抑郁质。四种体液配合恰当时，身体便健康，否则就会出现疾病。虽然现代科学研究证明气质的生理机制不是由体液而是由人的神经系统决定的，但希波克拉底对人的行为举止的归类比较准确，故气质四种类型的名称仍被许多学者采纳并沿袭至今。

（1）多血质——春天的雨

多血质的人具有活泼好动、反应迅速、情绪发生快而多变、兴趣容易转移等特征。这类大学生易于适应环境的变化，性情活泼、热情，善于交际，在群体中精神愉快，相处自然，常常能机智地摆脱困境；他们在学习和工作上肯动脑、主意多，不安于机械、刻板、循规蹈矩，常常表现出较强的工作能力和办事效率；对外界事物兴趣广泛，但容易浮躁，见异思迁。此类型的人"情绪丰富"。

（2）胆汁质——夏季的火

胆汁质的人精力旺盛，直率、热情，行动敏捷，情绪易于激动，心境变换剧烈。这类大学生有理想、有抱负，有独立见解，反应迅速，行为果断，表里如一；不愿受人指挥，而喜欢指挥别人；一旦认准目标，就希望尽快实现，遇到困难不屈不挠，但往往比较粗心，学习和工作带有明显的周期性，能以极大的热情和旺盛的精力投入学习和工作，一旦精力消耗殆尽时，便会失去信心，情绪顿时转为沮丧而心灰意冷。此类型的人"情绪粗犷"。

（3）抑郁质——秋季的风

抑郁质的人孤僻，行动迟缓，情感体验深刻，善于觉察别人不易觉察到的细小事物。这类大学生在生理上难以忍受或大或小的神经紧张，厌恶那些强烈的刺激；他们的感情细腻而脆弱，常因区区小事引起情绪波动；心里有话，宁愿自己品味，也不愿向别人倾诉；喜欢独处，与人交往时显得腼腆、忸怩，善于领会别人的意图，在团结友爱的集体中，很可能是一个容易相处的人；遇事三思而后行，求稳不求快，对力所能及的工作能认真负责地完成；在学习、工作一段时间后，常比别人更感疲倦；在困难面前常怯懦、自卑和优柔寡断。此类型的人"多愁善感"。

（4）黏液质——冬天的雪

黏液质的特征是安静、稳重，反应缓慢，沉默寡言，情绪不易外露，注意稳定，善于忍耐。这类大学生反应较为缓慢，但无论环境如何变化，都能基本保持心理平衡；凡事深思熟虑，力求稳妥，一般不做无把握的事情，在各种情况下都表现出较强的自我克制能力；他们外柔内刚，沉静多思，不愿流露内心的真情实感；与人交往时，不卑不亢，不爱抛头露面和做空泛的清谈；学习、工作有板有眼，踏实肯干，严格恪守既定的生活秩序和制度。但他们过于拘谨，不善于随机应变，稳定性有余而灵活性不足，有墨守成规、因循守旧的表现。此类型的人"情绪贫乏"。

以上四种是比较典型的气质类型，大多数人属于中间型或者混合型。每个人应该根据自己的实际情况具体分析，准确判断自己的气质类型。

知识链接

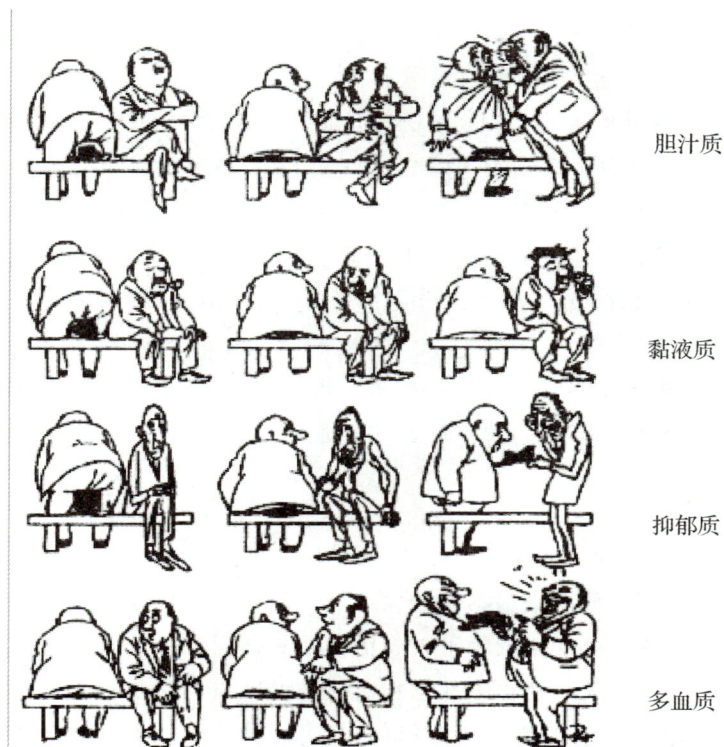

.[丹麦] 皮特斯特鲁普　作

图 4-1　《一顶帽子》所对应的四种典型的气质类型

丹麦漫画家皮特斯特鲁普创作的《一顶帽子》(见图 4-1)形象地表现了不同气质的人对同一事物的反应。从上到下依次是：胆汁质、黏液质、抑郁质、多血质。从精神分析学派的防御机制来看，以上四种行为表现分别对应：①宣泄；②思维抑制；③退行；④幽默。②④属于成熟防御机制，①属于婴儿式防御机制，③属于儿童型防御机制。皮特斯特鲁普创作该画时或许并没有过多的想法，只是细致地观察生活，却意外地符合心理学气质理论和心理学动力理论。

心理实验室

　　体液说中四种气质类型的人如果遇到相同的事情，会有什么样的表现呢？苏联心理学家巧妙设计了"看戏迟到"的特定问题情境，对四种气质类型的人进行观察，结果发现，四种气质类型的观众在面临同一情境时有截然不同的行为表现，气质使其心理活动染上了一种独特的色彩。

　　多血质的人明白检票员不会放他进去，他不与检票员争吵，而是悄悄跑到楼上另寻一个适当的地方看戏剧表演。

　　胆汁质的人面红耳赤地与检票员争吵起来，甚至企图推开检票员，冲过检票口，径直跑到自己的座位上去，并且还会埋怨戏院的时钟走得太快了。

　　抑郁质的人对此情境会说自己老是不走运，偶尔来一次戏院，就这样倒霉，接着就垂头丧气地回家了。

　　黏液质的人看到检票员不让他从检票口进去，便想：反正第一场戏不太精彩，还是暂且到小卖部等一会儿，待幕间休息再进去。

3. 正确看待气质

（1）气质的稳定性和可变性

　　气质是人的神经气质中最基本的特性，是人的个性中比较稳定的特性，表现在以下几个方面。首先，气质不依赖于人的活动的具体目的、动机和内容。在不同性质的活动中，一个人的气质往往表现出相对稳定的特点。例如，一个情绪爱激动的学生，上课时可能爱举手发言，考试时可能显得心神不定，参加体育比赛可能沉不住气等。在这些活动中，尽管活动的内容、目的和动机不一样，但它们确实有相对稳定的气质特点。其次，气质的稳定性还表现在人生的不同时期，个人的气质特点是相对稳定的。例如，在儿童时内向的人，长大以后也基本如此；幼时寻衅好斗的，长大了也对人不友好。但是，气质的稳定性并不意味着它完全不起变化。相反，在生活环境和教育条件的影响下，气质可以被掩蔽，也可以得到相当程度的改造。例如，在集体生活环境下，有些情绪易激动的人可能变得比较能克制自己，有些动作缓慢的人可能变得行动迅速起来。如果环境和教育的影响是一种有计划、有系统的努力，则个人气质的被掩蔽、被改造会表现得更明显。

（2）气质无优劣之分

　　气质本身无优劣之分，任何一种气质都有其积极和消极的方面，而且气质中的优缺点往往是同一特点在不同方面的表现。例如，胆汁质的人精力旺盛、敢想敢干，特别富有开拓精神，但又常常导致他们鲁莽冒失。多血质的人机敏灵活，很容易接受新的观念，善于适应新的环境，但是缺乏耐心和坚持。黏液质的人做事稳重持久，耐心细致，考虑问题非常周到，一旦决定了就能"几十年如一日"地坚持下去，但又容易因循守旧，在面对新的变化时，不擅长把握机遇，常常表现得优柔寡断。抑郁质的人敏感细腻，对自然和社会中的细微变化都有着深刻而丰富的体验，这使他们在艺术、文学类的创作中容易获得超乎寻常的成就，但是在人际关系的处理中，敏感细腻又常常导致他们自寻烦恼、情绪低落。

（3）单一气质的人不多

心理学研究证明，在实际生活中，典型的单一气质的人不多，绝大部分人是两种或者两种以上气质的混合。

（4）气质与心理健康

环境是在不断变化的，遇到变化的环境，一个人怎样应付、能否应付自如，都是对个体环境适应能力的检验。虽然每种气质都存在有利于或者有碍于心理健康的一面，但相比而言，多血质的人机智灵敏，容易用巧妙的办法应对环境的变化；黏液质的人常用克己忍耐的方法应付环境，也能达到目的；胆汁质的人脾气暴躁，在不顺心的时候容易产生攻击行为，造成不良后果；抑郁质的人过于敏感，比较脆弱，容易受到伤害。在环境不良的情况下，后两种气质类型的人，尤其是胆汁质—抑郁质混合型的人，情绪兴奋性或太强或太弱，适应环境的能力会比较差，比较容易产生心理问题。

（二）性格

1. 性格的含义

性格（character）源于希腊语，原意是"雕刻"，后被转意为印刻、标记、特性，是构成人格的又一重要因素。性格是指人在现实的、相对稳定的态度和习惯化的行为方式中表现出来的人格心理特征。态度是人对人、物或观念的一种倾向性，属后天习得。人的性格表现在做什么、追求什么以及拒绝什么的动机和目的方面，同时也表现在怎样做、怎样实现自己的愿望或理想方面。性格是在长期生活环境和社会生活实践中逐渐形成的，一旦形成便较为稳定。同时性格又是可塑的，生活环境的重大变化可能对个人的性格特征产生重大的影响或使其发生显著的变化。

2. 性格类型

性格的类型是指一类人身上所共有的某些性格特征的独特结合。由于性格是一种极为复杂的心理现象，要确定一种公认的、有充分根据的分类原则并非易事，因而迄今为止，心理学界尚无统一的性格分类。下面介绍几种常见的分类学说。

（1）机能类型说

英国心理学家贝恩（A. Bain）和法国心理学家里博（T. Ribot）等人按照理智、情绪、意志三种心理机能在一个人的性格结构中占何种优势的原则，将人的性格划分为理智型、情绪型和意志型三种。

理智型的人，处事冷静，受情绪波动影响小，习惯于用理智支配和调节自己的行为。情绪型的人，外部表露明显，情绪波动大，处事较任性，行为常被情绪控制和支配。意志型的人，行动目标明确，自制力较强，常能坚持不懈地努力实现既定目标，但具有这种性格的人中也有固执鲁莽者。

（2）向性类型说

瑞士著名心理学家荣格（C. G. Jung）以他的精神分析观点提出了这一性格分类学说。他把性格活泼开朗、善于交际、反应迅速、不拘小节的人归为外向型性格者，把处事谨慎、不善交往、反应缓慢、沉静孤僻的人归为内向型性格者。这是目前最普遍的一种分类方法。

（3）独立—顺从说

这是按照个体的独立性强弱来划分性格类型的学说。该学说认为，独立型性格的人善于独立发现问题、解决问题，自主能力强，不易受外界干扰和暗示，能镇定、果断地处理突发事件或危机情况；顺从型性格的人依赖性强，容易盲目地接受别人的意见和要求，缺少主见，外界干扰或他人暗示对其影响很大，面对复杂或困难情况往往惊慌失措、束手无策。

3. 性格具有可塑性

性格是在长期的生活实践中形成的，它一旦形成就具有较强的稳定性，不是很容易就可以改变的。但是，性格并不是一成不变的，它更多受到环境的影响，环境的变化会带来性格的变化，所以性格具有较强的可塑性。

性格的可塑性是指性格在生活的进程中不断变化，具有不断向健康、理想的方向发展的可能性。人的性格是可以改造的，为了生存和发展的需要，人们总是在适应各种环境，而在适应环境的过程中，总是要竭力克服和规避各种缺点，这诸多缺点大多与性格有关。所以，人们克服缺点的过程也是塑造和改善自身性格的过程。

（三）气质与性格

气质与性格都是人格心理特征，它们之间既有联系又有区别。

气质是一个人心理活动的动力特征，也是高级活动类型的主要生理基础。气质与性格相比，受先天因素的影响较大，变化比较缓慢且较难；性格受后天因素的影响，变化比较容易，且比较快。

气质与性格相互作用、相互制约，主要体现在：第一，气质影响性格的动态，使其具有独特的色彩。例如，多血质的人动作敏锐、精神饱满，黏液质的人动作沉着、操作精细。第二，气质影响性格形成和发展的速度。例如，黏液质和抑郁质的人比多血质和胆汁质的人更易形成自制力。第三，性格影响气质。在一定程度上，性格可以掩盖和改变气质，使其符合当前社会实际情况。例如，胆汁质的人若形成了踏实认真的性格，就会掩盖或改变原有的粗心大意的气质特点。

气质并无好坏之分，而性格却有明显的好坏之分。性格和气质的某些特征可能是一致的，但不能说性格和气质是等同的（见表4-1）。实验表明，相同气质类型的人可以形成互不相同的性格特征，不同气质类型的人也可形成相同的性格特征。

知识链接

表 4-1　气质特点与性格修炼指导表

维度	胆汁质	多血质	黏液质	抑郁质
易形成的优良性格	热情、积极、勇敢、进取心、竞争心、直率、果断、独立、不怕困难	机敏、活泼、亲切、兴趣广泛、接受新鲜事物快、办事效率高、富有同情心	稳重、坚定、踏实、有毅力、有耐心、忍耐、谦让、自制力强	细心、谨慎、温和、委婉、守纪律、观察敏锐、富于想象
易形成的不良性格	任性、粗鲁、急躁、刚愎、暴戾	无恒心、散漫、不踏实、兴趣易变	固执、刻板、冷淡、萎靡不振	狭隘、多疑、顺从、脆弱、优柔寡断、缺乏自信
性格修炼的重点	增强自制力，克服暴躁脾气	培养持久性和专注精神，克服见异思迁	培养灵活性、应变力，克服拘谨刻板	增强自信，学会开朗乐观，从多愁善感中走出来
克服不良性格的方法介绍	①延迟发火法。想发火时，先在心中默数 1 到 10，或做几次深呼吸后再开口说话。②转移法。想发火时，先慢步走到窗前，打开窗户或门，慢步走回后再开口说话。	①目标管理法。制定每一时期的行为目标，定期检查、督促，坚持到底。②奖惩法。行为与目标坚持得好，可自我奖励；坚持得不好，则自我惩罚。	①及时反应法。规定对外界信息必须在多长时间内做出反应，逐渐缩短反应的时间间隔。②改变思考角度法。对一个问题寻求多种解决方法。	①活动法。积极参加各种活动，多与人交往，减少独处的时间。②自我暗示法。经常提醒自己克服气质弱点，不为小事而多疑、烦恼。
教育策略	以柔克刚	刚柔相济	动之以情	耐心细致

三、健全人格的标准

具有健全人格的人表现为具有较高的认知水平，情绪乐观、稳定，能够有意识地控制自己的生活，掌握自己的命运，在工作中发挥自己的能力，完成各项任务。人格健全的人具有以下特点。

(一)积极进取的生活态度

生活态度包括对事业的追求、对人生的体验、对幸福的理解。人格健全的人生活态度是积极向上的，对生活充满信心和希望，热爱本职工作。在工作和生活中遇到困难和挫折时，不畏困难，勇于拼搏。生活态度必须建立在正确的人生观基础上，如果一个人只为个人的利益生活、奋斗，那么他就难以经受在工作和生活中的磨难，会失去热爱生活和追求事业的动力。积极的生活态度是人学习、生活的动力，人只有具有积极进取的生活态度，才能取得事业上的成功。

(二)正确的自我意识

具有健全人格的人能够正确地认识自己、评价自己、接受自己、悦纳自己，客观地看待自身的优点和不足，并在生活中有效地调节自己的行为，使自己的言行符合生活环境的需要，符合工作岗位的需要。

(三)和谐的人际关系

具有健全人格的人在人际交往中既不妄自尊大也不妄自菲薄，既不随波逐流也不刚愎自用。为人谦虚、进取、友善，善于处理各种人际关系，能够使自己融入集体、融入社会，建立和谐的人际关系。

(四)良好的适应能力

具有健全人格的人有较强的适应能力，无论在什么样的学习、工作环境中，都能很快地适应环境，把自己融入新的人群当中。俗话说"适者生存"，具有健全人格的人就是"适者"。

(五)良好的情绪调控能力

具有健全人格的人情绪调控能力很强，不会因一时的成功而得意忘形，也不会因一时的失败而悲观失望。他们可以采取多种方法控制、调节自己的情绪，保持良好的心态。能够充分利用情绪的积极作用，激励自己从事学习活动，完成工作任务。

(六)挖掘潜能

具有健全人格的人能够充分认识人的巨大潜力，善于挖掘自己的潜能，具有自我发展能力、自我塑造能力、自我完善能力。

第二节 大学生的人格

一、当代大学生的人格特征

(一)自我意识完善

大多数大学生强烈地关注自我的成长发展，经常自觉反思，能够进行较客观的自我评价，独立意识凸显，注重自尊，在意他人对于自己的态度和看法，自我控制能力显著发展。

(二)人际关系和谐

大多数大学生心胸开阔，善解人意，宽容他人，尊重自己也尊重他人，对不同的人际交往对象表现出合适的态度，既不狂妄自大，也不妄自菲薄，在人际关系中具有吸引力，深受大家的喜欢。

(三)智能结构健全

大多数大学生具有良好的观察力、记忆力、思维力、注意力和想象力，没有严重的认知障碍，各种认知能力能有机整合并发挥其应有的效用。

(四)情绪体验丰富

大多数大学生在情绪上稳定性与波动性、外显性与内隐性并存，情绪体验丰富多彩，积极的情绪体验在学习、生活中居于主导地位。大多数大学生悦纳自己，有较高的自信心和生活满意度。另外，大学生的道德感、理智感等高级情感也得到充分发展。

（五）社会适应良好

大多数大学生对外部世界充满好奇和热情，有着广泛的活动范围和许多兴趣爱好，人际交往范围扩大，积极参与各种形式的社会实践。有良好社会适应能力的大学生大都具有谦让、克己、忍耐、谨慎、负责等人格特征，这使他们能够较好地处理社会、他人与自我的关系。

二、大学生常见的人格问题及表现

（一）一般人格问题

1. 无聊和空虚

无聊和空虚的主要特点是感觉不到自我存在的意义与人生价值，其核心在于没有确立合适的人生目标。高中时一切为了高考，上了大学后忽然放松，无聊和空虚感就马上袭来。大学生如果缺乏对生命意义的深刻认识，就会出现茫茫然混日子的现象。上大学后如果目标定位不准确或者目标太多就会产生心理负担，只是为学习而学习、为考试而考试，疲于应付，导致日常生活和学习中缺乏主动性和创造性。

克服无聊和空虚的根本方法是：确立恰当的人生目标，并由人生目标引导着实现自己的人生价值。

对点案例

一位大二学生自述：大学的学习让我太困惑和迷茫了，高中的时候和同学一起行动，有老师督促、家长管教，上了大学后一切都要靠自己，很容易松懈。特别是刚上大一的时候，跟着同学一起逃课，上网打游戏，浑浑噩噩度日，有一门课程是线上考试，需要我们按时间要求自己在网上考试，可这件事被我因为每天的虚度而遗忘了，直到最后挂科了我才反应过来。这样的状态让我感觉很空虚，对自己的未来一点想法和规划都没有，就业前景渺茫，越发觉得痛苦。

2. 鲁莽和急躁

大多数大学生热情高，敢想敢做，但容易思考不足，办事急躁、冲动，鲁莽者往往成事不足、败事有余，有时甚至会出现危险。克服鲁莽和急躁的方法如下。

（1）思先于行

首先要加强自我修养，自觉地养成冷静沉着的习惯。对学习、生活中的非原则性问题，尽量避免与人发生矛盾以致激化，应把精力用到积极思考之中。

(2)改变行为，细心、认真行事

吃饭时间不得少于20分钟，细嚼慢咽；说话控制语速，想好了再说，不随意打断别人谈话；看书要一字一句细读，边读边想；走路骑车有意不超过别人；生活、学习中改掉鲁莽和急躁的性格，不着急，有条不紊地做事。

(3)控制发怒

性格急躁的人容易发怒，牢记"能忍则自安，退一步则海阔天空"，时时提醒自己遇事要冷静。

(4)采用松弛疗法，坚持静养训练

在工作、学习之余，常听轻松、优雅、恬静的音乐，赏花悦心、书画静神、打太极拳和练气功闭目养神，使肌肉、神经都处于完全放松状态。

对点案例

一位女大学生说，她们宿舍的一位舍友特别容易发脾气，而且很冲动。有一次她们宿舍开会讨论如何轮流值日打扫宿舍卫生问题，一个没说好，这位同学当场发脾气，拎起一个暖瓶就往地上砸，导致其他舍友被波及，都受了小伤，而她却一点都不内疚，事后也没做任何道歉。此事之后，大家都很害怕她，刻意跟她保持距离。

3. 懒散和拖拉

懒散和拖拉是指一种慵懒、闲散、疲沓、松垮的生活状态。个体活力不足，什么也不想做，没有计划，随波逐流；无法将精力集中在学业上，做事犹豫不决，顾此失彼，磨磨蹭蹭，在大学生活中常常表现为"明日复明日，明日何其多"，做事一误再误，无休止地拖下去。正如时下很多大学生的状态："春天不是读书天，夏日炎炎正好眠，秋多蚊虫冬又冷，一心收拾待明年。"虽下决心改正，但不能坚持。导致这种状况的原因，一是目标不明确，二是试图逃避困难的事，三是惰性作用。

克服懒散和拖拉的办法包括：①从小事做起，学会自我监控，学习运筹和管理时间。②充分认识懒散和拖拉的危害性，找到原因，下定决心改变。③科学安排时间，讲究科学的做事方法。凡事都有轻重缓急，必须完成的事，早动手干。④敢于挑战，敢做自己不甚满意或很费力的工作，完成后会有一种欣喜感和成就感。

对点案例

一位大学生自述：我每天早晨要定5个闹钟，每个闹钟间隔10分钟，可还是每次上课都迟到。有时候觉得反正都迟到了，索性就躲在宿舍床上继续睡吧，所以旷过很多课。辅导员也经常找我谈话，可我就是起不来，晚上不想睡，熬夜打游戏或者刷网页、追剧，早晨就睡懒觉。

4. 羞怯

羞怯在大学生中并不少见，例如，不敢在公众场合发表意见，害怕与陌生人打交道，路上见到异性同学会手足无措，见到老师便难为情，说话感到紧张等。一般而言，害羞之心，人皆有之，但过分地害羞，就不正常了。它会阻碍人际交往，影响个人正常地发挥才能，还会导致压抑、孤独、焦虑等不良心理。

过度害羞主要表现为：自信心不足，过于胆小被动。羞怯者说话时意思往往表达不清楚，说话、做事总怕出错，担心被人议论、讥笑，为此把自己搞得神经紧张、坐立不安；而且过于关注自己，特别注意自己在别人心目中的形象，总觉得自己时时处在众目睽睽之下，感到拘束、不自然。

虽然羞怯的个性与先天气质有一定的联系，但更多地还是后天因素所致。所以，通过有意识的调节可以改变，具体方法如下。

第一，具体分析自己，找到自己的长处和短处，发扬长处并补偿短处，特别是要多看到自己的长处以增强信心。

第二，放下思想包袱。事实上每个人都有害羞心理，只是有些人善于调节、注意锻炼罢了。金无足赤，人无完人，一个人说错话、做错事没什么可怕，及时改正便可。

第三，不要太在意别人的议论。所谓"众口铄金，积毁销骨"，如果总把别人说的话放在心上就什么也不敢做、不敢说了。只要自己看准的就大胆去做，无论你做得多好，也不可能人人称赞。

第四，有意识地锻炼自己。胆量和能力都是锻炼的结果，要敢于说第一句话，敢于迈第一步。一旦这样做了，你就会发现自己不仅有能力做此事，而且有能力把事情干得更好。

对点案例

一位同学自述：我从小就特别内向，不爱说话，也不敢主动与别人交往。我印象最深的一个画面就是，同学们或者小伙伴们在一起愉快地玩耍，而我一个人躲在角落静静地看，虽然我内心很想和他们一起玩，但我就是不敢主动上前。直到现在，我还是这样，不敢在人多的场合说话，就连上课主动发言都不敢。有时候老师点名叫我起来回答问题，我就会紧张得心脏怦怦跳，还会不由自主地结巴，脑袋一片空白，把原本明明会的答案都忘记了。

5. 狭隘

受功利主义影响，大学生中也存在"狭隘"现象。这里的狭隘即日常说的"小心眼"。凡事斤斤计较、耿耿于怀、好嫉妒、好挑剔、容不得人等都是心胸狭隘的表现。心胸狭隘往往影响人际关系，伤害他人感情，也常给自己带来烦闷、苦恼，影响自己的情绪和在他人心目中的形象，于人于己都百害而无一利。狭隘性格多见于内向者。这是后天习得的一种人格特征。

克服狭隘，一要胸怀宽广坦荡，向前看。比海洋更广阔的是天空，比天空更广阔的是心灵。二要丰富自己。一个人的视野越开阔，就越不会陷入狭隘之中，这就是所谓"站得高，看得远"。三要学会宽容，宽以待人。

对点案例

小王和小安本是一对好朋友，两人总是形影不离，可后来小安又结识了一位新朋友，小安分给小王的时间就不那么多了，往日的形影不离变成了小王的"独自等待"。小安也试图将新朋友介绍给小王，可小王总是对新朋友表露出莫名的敌意，还总是故意破坏小安和新朋友的关系，会对新朋友说些中伤小安的坏话，同时又在小安面前哭诉自己有种丢失了一个最好的朋友的感觉。后来，知道真相的小安和小王决裂了，因为小王的这种行为使小安非常伤心。

6. 虚荣

可以说虚荣心存在于每一个人身上，这是正常的，但一旦过分，则有害无益。虚荣心往往与自尊心、自卑感联系在一起。没有自尊心，就没有虚荣心；而没有自卑感，也就不必用虚荣心来表现自尊心。虚荣心是自尊心和自卑感的混合物。虚荣心强的大学生一般性格内向、情感脆弱、多愁善感，虽然自惭形秽，却又害怕别人伤害自己的尊严，过分介意别人的评论与批评，与人交往时总有一种防御心理，不允许有稍微侵犯，且常会千方百计地抬高自己的形象。他们捍卫的往往是虚假的、脆弱的、不健康的自我，以致无暇来丰富、壮大真实的自我。

防止或改变过强的虚荣心，第一，要对其危害性有清醒的认识，有勇气、有决心改变自己；第二，应当努力认识自己，了解自己的长处与短处，扬长避短；第三，要树立自信和健康的荣誉心，正确表现自己，不卑不亢；第四，不为外界的议论所左右，正确对待个人得失。

对点案例

某大学生自述：我来自农村，上大学后发现身边的同学都很"潮"，我在他们中间显得格格不入，特别俗气。我想变得像他们一样，变成时髦的城里人。为了改变这种状况，我开始逛街、化妆，把吃饭的钱省下来买那些奢侈的时尚杂志，还偷偷骗父母学校要交各种费用，用骗他们得来的钱买名牌衣服和包包，努力和那些"潮"的同学融入，加入他们的各种聚会……渐渐地，我也成了一个靓丽可爱的女孩，我的心里有一种满足感，可有时却隐隐作痛：我来这里是为了证明这些吗？

7. 自卑

自卑心理是一种严重的不健康心理，对人的身心危害极大。日常生活中可以尝试培养自己多方面的兴趣与爱好，多参加集体活动，加强体育锻炼，多看幽默剧、相声等给人带来笑声的节目，这些都有助于培养乐观的性格。

知识链接

培养乐观的人生态度

①越担惊受怕就越遭灾祸。因此，一定要坚信积极态度带来的力量，要坚信希望和乐观能引导你走向胜利。

②即使处境困难也要寻找积极因素。这样，你就不会放弃争取微小胜利的努力。你越乐观，克服困难的勇气就越会倍增。

③以幽默的态度接受现实中的失败。有幽默感的人才有能力轻松地克服困难，消除随之而来的倒霉念头。

④既不要被逆境困扰，也不要幻想出现奇迹，要脚踏实地、坚持不懈、全力以赴去争取胜利。

⑤不管多么严峻的形势向你逼近，你也要发现有利的条件。不久，你就会发现，到处都有一些小的成功，这样，自信心自然也就增强了。

⑥不要把自卑作为保护你失望情绪的缓冲器。乐观自信是希望之花，能赐给人力量。

⑦当你失败时，你要想到自己曾经多次获得的成功，这才是值得庆幸的。如果10个问题你做对了 5 个、做错了 5 个，那么你完全有理由庆祝一番，因为你已经成功地解决了 5 个问题。

⑧在你的闲暇时间努力接近乐观的人，观察他们的行为，通过观察培养起你的乐观态度，乐观的火种会慢慢地在你内心点燃。

⑨要知道，自卑不是天生的。像人类的其他态度一样，自卑不但可以减轻，而且通过努力还能转变成一种新的态度——乐观。

⑩如果乐观态度使你成功了，那么你就应该相信这样的结论：乐观是成功之源。

8. 猜疑

所谓猜疑，一猜二疑，疑是建立在猜的基础上，因而往往缺乏事实根据，有时也缺乏合理的思维逻辑。好猜疑的人往往对人对事敏感多疑，看到同学背着自己说话，便疑心是在说自己的坏话；某同学没和自己打招呼，便猜他对自己有意见等。猜疑是很有害的个性缺陷，它会导致人际关系紧张、伤害他人感情、无事生非等；自己则会陷入庸人自扰、苦闷、惶惑的不良心境中。有这种不健康品质的人应积极寻求矫治。当出现了猜疑心理时，可尝试运用以下方法加以调整。

①当产生猜疑时先不要外露，可留心观察所疑的人和事，若猜疑被证实，不会因此感到震惊；若猜疑不成立，应打消疑心，这样也不会伤害他人。

②加强沟通。猜疑常常是由于误会或他人搬弄口舌引起的，因此碰到这种情况，应主动地和被猜疑者沟通交流，这样有助于消除误会，改善、增进彼此的信任感。

③抛弃成见和克服自我暗示，学会全面、发展地看问题，改变封闭的思维方式。

④"心底无私天地宽"，无私就无畏，坦坦荡荡地做人，和同学朋友坦诚相处，别人如何看自己，不必过分在意，相信"日久天长见人心"。

总之，要克服猜疑心理主要是自己做人要正直，所谓"身正不怕影子斜"；对他人宽厚为怀，即使被别人误会也不必计较；充分驾驭好"语言"这个工具，出现了误会或彼此不信任、猜疑时，通过沟通思想、说明情况达到彼此谅解。只有这样，你才会生活得愉快。

对点案例

一位在校大学生因为内心痛苦而来学校心理健康中心求助，其自述：我总觉得自己被宿舍的人和班级里的同学排挤，他们周末约着一起逛街或者吃饭从来不叫我。我虽然平时内向，话很少，但是他们也可以叫我一起活动啊，我觉得他们一定都不喜欢我。有时候我回宿舍，一打开门，他们原本在说话，可是看到我进来就都不说了。我很奇怪，觉得他们一定在背着我说我的坏话。可我也不好意思主动问他们，也从来没有跟他们说过这些，包括我的想法，我都是自己在心里琢磨，越想我觉得越痛苦。

9. 自我中心

随着自我意识的发展，大学生越来越感到自己内心世界的千变万化、独一无二，他们越来越多地把关注的重心投向自我，尤其是那些有较强自信心、自尊心、优越感、独立感的大学生，比较容易出现自我中心倾向。自我中心的人往往以自我为核心，想问题、做事情从"我"出发，不能设身处地地进行客观思考，总是颐指气使、盛气凌人，不允许别人批评自己。这种人往往见好就上，见困难就让，有错误就推，总认为自己是对的、别人是错的，因而常不能赢得他人的好感和信任，人际关系多不和谐。

克服过分自我中心的途径包括：第一，树立健康的人生观，自觉地将自己和他人、集体结合起来，走出自己的小天地；第二，恰当地评价自己，既不低估也不高估，既不妄自菲薄也不自高自大；第三，尊重他人，只有尊重和信任才能收获友谊；第四，设身处地地从他人的角度思考问题，将心比心，真诚地关爱他人，从而做到"我爱人人，人人爱我"。

对点案例

宿舍里，大家都很疏离 H，因为她做事情永远把自己放在第一位，从来不考虑别人。例如，H 洗完衣服去阳台晾的时候，如果阳台上有其他人的衣服，她不管是湿的还是干的，统统一把推到最里面，给自己留出很大的空间挂自己的衣服，导致很多同学的衣服挂几天都干不了，特别是在南方这种阴冷潮湿的冬天。H 午休的时候不允许其他人发出一点点声音，而别人在睡觉的时候她却大声说话、放音乐，大家都对她很不满意。

(二)人格障碍

人格障碍也称人格异常或病态人格，是指人的个性特征显著偏离正常而形成了特有的行为模式，且对环境适应不良，不仅给本人造成痛苦，还给社会带来危害。人格障碍主要表现为情感障碍和意志行为障碍，其感知能力和智力均无异常。人格障碍通常始于童年或成年早期，不少人一直持续到成年乃至终身。虽然在大学生人群中真正有人格障碍的并不多，但存在不良个性倾向的人却不少，他们是人格障碍的易感人群，应该引起警惕。

1. 偏执型人格障碍

偏执型人格又称妄想型人格，典型特征是有明显的猜疑和偏执。具体表现是极度地感觉过敏，思想、行为固执死板，坚持毫无根据的怀疑。对别人特别嫉妒，而又非常羡慕；对自己过分关心，且无端夸大自己的重要性；把由于自己的错误或不慎产生的后果归咎于他人，但从来不信任他人的动机和意愿，认为他人居心不良。这种性格的人在家不能与家人和睦相处，在外不能与朋友、同学好好相处，别人只能对他敬而远之。

对点案例

小丽在一男生的猛烈追求下，终于答应了和他在一起。她的男友是个心思细腻的人，起初对小丽很温柔体贴，然而交往了一段时间之后，男友变得疑心越来越重，非常不放心小丽的行踪，每天都要多次给小丽打电话询问她在哪里、和谁在一起、在干什么，甚至还要时时刻刻发定位、发照片、发视频来证实。只要小丽和班里其他男同学说话，哪怕只是简单的交流，男友都会发脾气。为此两个人经常吵架，刚开始还只是小争执，到了后来，男友就开始打小丽，打的时候仿佛失去了理智，但打过之后又会痛哭流涕求小丽原谅。

2. 分裂型人格障碍

分裂型人格的人行为怪癖而偏执，为人孤独而隐退，对人对事缺乏起码的温和与柔肠；有明显的社会化障碍，几乎没有朋友，也没有社会往来，对于别人的批评或鼓励毫无感觉；强烈的自我向性思维，但一般还能认知现实；过多的白日梦幻想，但一般与实际不脱节。他们在表达攻击和仇恨上显得无力，在面对紧张和遇到灾难时又是超然的、满不在乎的。

对点案例

一位大一男生自述：我经常觉得一觉醒来，身在不熟悉的地方，我完全不记得我是怎么来到这里的。这种记忆很恍惚，我也不知道是不是真的发生了。有时候还会莫名地烦躁异常，只想通过打人来缓解我内心的躁动，甚至我还想过杀人。我在网上看过匕首，但最后没勇气买。有次我去吃饭，同宿舍的同学非要我等他一起，我平时都是独来独往。我不喜欢跟他们接触，但是当时我觉得他都开口了，那我就等吧。我越等越烦躁、越等越暴躁，就在我觉得快要受不了想要砸东西的时候，他来了。他要是再晚来一秒钟，我可能就不知道会做出什么破坏性的行为了。我也不爱跟我爸妈说这些，我觉得我跟他们是熟悉的陌生人。我经常爱幻想，幻想我打人，甚至杀人，没对象、没目的地攻击别人。想到这，我就觉得很兴奋、很开心。

3. 戏剧型人格障碍

戏剧型人格障碍又称癔症型人格障碍。这种人具有浓厚而强烈的情绪反应，行为特点是自吹自擂、装腔作势；喜欢引起他人的注意和关心，常把自己的感觉和情感加以夸张，从而加深他人对自己的印象；善变、爱挑逗他人、爱虚荣；要求于人多，内心真情少；自我中心，依赖性强，常需别人的保证与支持；有时也善于玩弄或威胁他人。这种人格的人爱出风头，易感情用事，经常渴望表扬或同情，喜欢生活中不断有兴奋的事发生。

对点案例

一位来自农村的男生，家中有三个姐姐，父母早年离异，他从小就在女性堆里长大，一直性格内向，柔柔弱弱的。上大学后，一次课堂上自我介绍时，他播放了自己制作的视频，影片中全是他穿女装的照片，美艳动人，惊艳全场，瞬间引起全班的注意。自此之后，他经常化妆，穿着奇装异服或者有所暴露的衣服吸引大家的注意力，看大家注意到自己，他就觉得很高兴，也越发刺激了他的这种行为。

4. 依赖型人格障碍

依赖型人格主要表现为极度地依赖他人。他们虽然有较好的工作能力，但由于缺乏自信，自觉难以独立，不时地需要别人的帮助。他们不果断，也缺乏判断力，总是依靠别人为自己做出决策或指出方向。

对点案例

一位刚上大学的女生很烦恼，因为她从来没有过过集体生活，一天都没有离开过自己的父母。在家里她的所有生活都是父母包办的，来上大学时，父母亲自送她来，给她铺床叠被，收拾行李，整理衣柜和书桌。都已经上了半学期的课了，她还是适应不了集体生活，每天都要给父母打好几个小时的电话，要不然就默默流泪想回家。时常找不到自己的东西，会打电话问父母放在哪里了，连自己今天吃什么、什么时候洗澡这类生活琐事都要询问父母的意见。

5. 强迫型人格障碍

强迫型人格障碍的主要特征是强烈的自制心和自我束缚。他们过分注意自己的行为是否正确、举止是否适当，因此表现得特别死板，缺乏灵活性。过多的清规戒律，极度地墨守成规，使他们对任何事情都谨小慎微，顾虑多端，怕犯错误。他们还要求别人根据自己的思想方式和习惯行事，妨碍别人的自由。易表露于外，牢骚满腹，但心里又很依赖权威。

对点案例

舍友们都不敢碰小王的任何东西，因为小王特别"爱干净"。谁要是坐了小王的凳子，她会用消毒液反反复复地擦拭，如果碰了她的床，她会把所有的被褥都拆下来用消毒液清洗再阳光暴晒。有次舍友用了她的梳子，她瞬间就开始发脾气，非常激动，然后当着舍友的面把梳子掰断扔了。周末大家都休息或者出去玩，小王就会把自己所有的衣服拿出来全部用消毒液清洗一遍，再去暴晒。整整两天，从早洗到晚，她也不觉得累。

6. 反社会型人格障碍

反社会型人格障碍是人格障碍中对社会影响最为严重的类型，多见于男性，以行为不符合社会规范为主要特征。其特点是情绪不稳定，常被一时的冲动左右；以自我为中心，缺乏社会道德感、责任感；没有同情心和怜悯心；微小刺激即可引起冲动性行为；即使给别人造成痛苦，也很少感到内疚，缺乏罪恶感；易发生违法乱纪行为和不正当的意向活动，且屡教不改。

对点案例

2019年1月8日，某校发生一起男子伤害学生事件，嫌疑人被警方当场控制。经公安机关初步调查，嫌疑人贾某某，男，49岁，是该学校聘用的劳务派遣人员，日常从事维修工作。贾某某劳务派遣合同将于当年1月底到期，学校劳务公司准备为其安排其他岗位。贾某某为发泄不满情绪，持日常工作用的手锤在课间将多名学生打伤。受伤学生均无生命危险。1月21日，北京市西城区人民检察院经依法审查，以涉嫌故意杀人罪对贾某某做出批准逮捕决定。

7. 冲动型人格障碍

冲动型人格障碍又称攻击性人格障碍，其主要特征为情绪不稳定及缺乏控制力，暴力或威胁性行为很常见，在其他人加以批评时尤为如此。这种人常因微小的刺激而突然爆发非常强烈的愤怒和冲动，自己完全不能克制，会出现暴烈的攻击行为，行动时体验到愉快、满足或放松。这种突然出现的情绪与行为变化和平时是不一样的，他们在不发作时是正常的，对发作时所作所为感到懊悔，但不能防止复发，这种冲动发作也常因少量饮酒而引起。

对点案例

班里的同学都很害怕 J，J 常常会和同学们发生口角，继而引发打架，也因此被辅导员、校方警告、批评过很多次。据 J 自称，在每次冲突事件发生之后，他都对自己的行为后悔不已，但在事情发生的当时就是控制不住自己的情绪，感觉头脑一片空白，全身肌肉紧张，继而产生冲动行为，一碰就炸。他自己也为此很烦恼，希望得到帮助。

8. 焦虑型人格障碍

焦虑型人格又称回避型人格，此类人的特征是一贯感到紧张、提心吊胆、不安全、自卑，回避社交，特别是涉及较多人际关系的职业活动；害怕被取笑、嘲弄和羞辱；自感无能，过分焦虑和担心，怕在社交场合被批评和拒绝。

对点案例

王某因为小学二年级时裤子拉链没拉上被同学嘲笑，从此便背上了沉重的心理包袱，只要到人多的地方就开始焦虑紧张，生怕衣服未穿好或者说话不得体，要反复检查衣服，但内心还是慌乱不已，以至于无法正常社交，与人交流也成问题。

9. 自恋型人格障碍

这类人大多数有自我中心的特征。其特点是自我评价过高，孤芳自赏，不接受批评和建议；对别人的才智、成功等十分嫉妒，对别人的批评常常会愤怒、羞愧或感到耻辱；和别人相处时，很少理解别人的情感和需求。人际关系方面多彼此利用，容易产生孤独、抑郁的心境，加之他们有不切实际的高目标，往往易在各方面遭受失败。

小故事

水仙花

俊美少年 Narcissus（那喀索斯）看到水中自己的倒影，被自己的美貌打动，于是爱上自己的倒影而无法自拔，不愿意离去，最后枯坐死在了湖边。死后化身为水仙花，仍留在水边守望自己的影子。

三、大学生人格问题的影响因素

对于人格发展的问题，历史上有两种极端的观点：一种是遗传决定论，另一种是环境决定论。遗传因素是人格形成和发展的生物学基础，为人格发展提供了可能性和方向性；而环境因素则把这种可能性转化为现实。目前，心理学家普遍认为人格是遗传因素和环境因素共同作用的结果。

（一）遗传因素

遗传因素影响人格的形成和发展，是人格形成和发展的生物学基础。一方面，遗传基因影响个性；另一方面，由于神经系统的特性不同，高级神经活动的类型也有所不同，从而使人们形成不同的个性，显示出不同的特点。一些高级神经活动类型属于抑郁型的人，就很难形成开朗、善于交际的人格。所以，通常在智力、气质这些与生物因素相关较大的特质上，遗传因素的作用较重要。

（二）环境因素

1. 早期童年经验

早期的亲子关系决定了行为模式，塑造出一切日后的行为，这是国外有关早期童年经验对于人格影响力的一个总结。中国有句俗话，"三岁看大，七岁看老"，也体现了早期童年经验对人格的影响。人生早期发生的事情对人格的影响历来为人格心理学家所重视。有研究表明，被父母抛弃会使儿童产生心理疾病，形成攻击、反叛的人格。弗洛伊德认为，成年人酗酒、吸烟、洁癖等都与童年创伤经历有关。

人格发展尽管受到童年经验的影响，例如，幸福的童年有利于儿童发展健康的人格，不幸的童年也会使儿童形成不良的人格，但二者不存在一一对应的关系。例如，溺爱也可能使儿童形成不良的人格特点，逆境也可能磨炼儿童坚强的性格。另外，早期童年经验不能单独对人格起作用，而是与其他因素共同决定着人格的形成与发展。

2. 家庭和学校因素

家庭是儿童最初的、长期生活生长的环境。精神分析学家认为，从出生到五六岁是人格形成的最主要阶段，这时一个人的人格类型已基本形成。在这个阶段，绝大多数儿童在家庭中生活，在父母的抚育中长大。父母的教养方式、父母关系等都会对孩子个性的形成产生影响。例如，民主的教养方式有助于孩子形成独立、直爽、亲切、具有社会性和创造性的个性；专制的教养方式会使孩子形成依赖、反抗、以自我为中心等个性特征。同时，父母之间的信任、家庭关系和谐会使孩子形成温和、善良的个性特征。

除了家庭对人格的影响外，学校的作用也不容忽视。学校对儿童人格的影响主要有两方面。一是同龄人的交往对人格的形成起推动作用。在与同龄人的交往过程中，儿童学习待人接物的礼节与群体规范，了解群体容易接纳什么样的性格，同时重视同伴对自己的评价，对同学的意见、要求很敏感，甚至自己的爱好等都受同学的影响。这样，他们的自我意识得到了发展，人格不断成熟。二是教师的言传身教对学生人格的形成有潜移默化的作用。如果师生关系融洽，教师以自己的人格、学识为学生树立起榜样，教育就有力度；如果师生关系疏远，教师主观武断、不能以身作则，学生就会顶撞教师，造成师生关系紧张，进而使学生产生认知障碍。

知识链接

"重要他人"对个体的影响

"重要他人"是由心理学家沙利文（Harry Stack Sullivan）提出的一个心理学名词，意思是在一个人心理和人格形成过程中有巨大影响甚至起决定性作用的人物。在沙利文的人际关系理论中，自我是在重要他人的反应中确立的。"重要他人"可能是个体的父母长辈或者兄弟姐妹，也可能是教师或萍水相逢的陌生人。在个体成长的不同阶段，重要他人的构成也有所不同。在幼儿阶段，"重要他人"主要是家长。到小学阶段，教师可能发挥超越家长的影响力。但小学高年级之后直到大学阶段，同伴的影响力会明显增加。

"重要他人"影响个体自我意识的确立。在成长的经历中，可能有教师或者同学的一句话一直影响你到现在，让你觉得他说的的确很有道理。如果这句话是对你的正确评价，那就相信它；如果是负性的，就会像毒蛇一样在你做事情时威胁你，例如，"你很笨""你不是一个聪明的人""你什么事情都干不好"等消极的评价，你完全可以把它们从内心深处搜罗出来，重新审视一下自己究竟是不是这样一个人。

社会环境、家庭环境以及个体成长中的"重要他人"都对个体的人格形成有十分重要的作用。但同时需要注意，人格的形成是一个过程，人格本身是一个充满活力的动力系统而不是一个僵化的结构。充满活力的系统的特征就是变化和成长，人格也不例外。人格随着时间推移而变化发展，对此，多加留心并注意你想让自己的人格如何发展，你就可以影响这种变化和成长的方向。

3. 社会文化因素

每个人都处在特定的社会文化环境中，文化对人格的影响极为重要。人不仅是一个生物个体，更多地体现为一个社会成员，在主动或被动地实现个体社会化的过程中，将社会关系和文化特质内化到主体文化心理结构中，形成相对稳定的价值观念、心理特质和行为方式。社会文化塑造了社会成员的人格特征，使其成员的人格结构朝着相似的方向发展，每个人就能稳固地"嵌入"在整个文化形态里。

第三节　优化人格，展现个性魅力

一、人格魅力的重要性

人格魅力对我们一生的成长都具有很重要的作用。许多伟大的领袖虽然才能、天赋不尽相同，但拥有人格魅力是他们的共同点。人格魅力的特征表现在如下方面。

第一，在对待现实的态度或处理社会关系上，表现为对他人和对集体的真诚、热情、友善、富于同情心、乐于助人和善于交往，关心和积极参加集体活动；对待自己严格要求，有进取精神，自信而不自大，自谦而不自卑；对待学习、工作和事业勤奋认真。

第二，在理智上，表现为感知敏锐，具有丰富的想象能力，在思维上有较强的逻辑性，尤其是富有创新意识和创造能力。

第三，在情绪上，表现为善于控制和支配自己的情绪，保持乐观开朗、振奋豁达的心境，情绪稳定而平衡，与人相处时能给人带来欢乐的笑声，令人精神舒畅。

第四，在意志上，表现出目标明确、行为自觉、善于自制、勇敢果断、坚韧不拔、积极主动等一系列品质。

具有上述良好性格特征的人，往往是在群体中受欢迎和受倾慕的人，或可称为"人缘型"的人。

二、掌握优化人格的方法

大学生健全人格的培养不是一朝一夕的事，需要长期的磨炼。一方面，要按照健全人格的标准来约束自己；另一方面，要按照现代社会的需要来锻炼自己。这是塑造大学生健全人格最基本的指导思想，具体应着重从以下几个方面努力。

(一)具有远大而稳定的奋斗目标，树立科学的世界观和人生观

习近平在二十大报告中指出，必须坚持胸怀天下。拓展世界眼光，深刻洞察人类发展进步潮流，积极回应各国人民普遍关切，为解决人类面临的共同问题作出贡献，以海纳百川的宽阔胸襟借鉴吸收人类一切优秀文明成果，推动建设更加美好的世界。有了远大而稳定的奋斗目标，人才不会为外界变化、自身遭遇而迷惑以至于丧失前进方向；科学的世界观和人生观则使人明辨是非，富于理智，从根本上形成了培养、塑造健全人格的土壤。

(二)学会有自知之明

人贵有自知之明，这就要求大学生在日常生活中用一分为二的观点看待自己和别人，对自己的能力、智力、性格、长处做出恰当、客观的评价，不要对自己提出苛刻、过分的期望与要求。

(三)学会自我调节

具有健康人格的大学生要学会调节与控制自己的情绪，学会建立积极、健康的情绪状态，使愉快、乐观、开朗等情绪占主导地位，能合理宣泄不良的情绪。

(四)养成良好的思维品质

即要培养独立分析问题和解决问题的能力。正如习近平在二十大报告中指出，我们要坚持守正创新，要以科学的态度对待科学、以真理的精神追求真理，以满腔热忱对待一切新生事物，不断拓展认识的广度和深度。例如，独立生活的能力、独立思考问题的能力，以及独立处理与同学交往、在社会上遇到比较复杂问题的能力。

(五)从小事做起，培养良好的情操

培养健康的人格，就要从身边的小事做起。树立科学的世界观和人生观，注重社会实践，增强创新和开拓意识。在学习和生活中要逐渐使自己的气质、能力、性格和理想等各方面平衡发展，从我做起，从小事做起。

(六)丰富知识，塑造健全人格

人的知识越广，就越趋于完善。学习知识、增长智慧的过程也是培养健全人格的过程。无知使人粗鲁、自卑，而丰富的知识能使人自信、坚强、热情。可见，知识的积累与人格的完善在一定程度上是同步的。大学生不能局限于自己专业知识的学习，还应该扩大人文、社会、科学知识面，加强修养，用丰富的知识充实自己，以塑造健全的人格。

2019年1月17日，习近平总书记在南开大学考察时，勉励广大师生："要把学习的具体目标同民族复兴的宏大目标结合起来，为之奋斗。只有把小我融入大我，才会有像海一样的胸怀，山一样的崇高。"大学生健全人格的塑造，既要服从人格的健全发展需要，又要服从现代化建设和社会进步的需要。它既是大学生成长发展的要求，也是时代的呼唤。只要坚持不懈地努力，就可以使人格更加健康、完善。

知识链接

谈人格完善[①]

（岳晓东）

人的成长过程就是不断了解自我、提升自我、完善自我的过程。一个人的人格

---

① 转引自赵静、黄菊山、李海波：《大学生心理健康教育》，88页，北京，中国传媒大学出版社，2018。引用时有改动。

在 10 岁之前基本上是父母基因遗传的作用，但后来则越来越是个人努力与环境因素共同作用的结果。人格完善就是对个人的性格特点扬长避短，补善去恶。人们一般认为"三岁看大，七岁看老"，"江山易改，秉性难移"，认为人的性格是与生俱来的、是难以改变的。但实际上人的性格是可以改变的，不论是我们的生活实践还是理论研究都证明了这一点。由此，我提出了一个对于人的特征的要求并用几句话进行概括：外圆内方、张弛自如、新旧通融、自觉自由、幽默严肃。我们可以这样理解，完人，就是较为完美的现代人。

1. 人格完善指的是什么

简单来说，人格完善就是实现个人的人格优化组合与优势互补，就是不断改善自己的性格，完善自己的人格。换言之，人格完善主张"缺什么，补什么，什么差，去什么"，这是人格改变的内容和方向。用血型理论举例，人就是将 O 型血人的自信、慎重、理智与 A 型血人的细心、热情、谦让等加在一起，再将 O 型血人的冲动、固执与 A 型血人的焦虑、孤僻等特点去除，这就成了完人！当然，完人只是一个形象比喻，我们关心的是每个人的人格都有不完善之处，都需要磨炼提高。

2. 每个人都有独特的人格

人格完善是一个人不断认识自我、提升自我、实现自我的过程。在心理学上，人格泛指一个人独特的、相对稳定的行为模式。英国著名心理学家艾森克指出："人格乃是决定个人适应环境的个人性格、气质、能力和生理特征。"我们日常生活中所说的"人格"，如说某某人格高尚，某某人格卑劣或某某缺乏人格，是从伦理道德观点出发的，与心理学所说的"人格"含义不一样。用心理学家的话说，每个人都有其独特的人格，因此，没有人没有人格。美国著名心理学家罗杰斯（C. R. Rogers）提出，每个人都有两个自我：现实我与理想我。前者是个人在现实生活中获得的真实感觉，而后者则是个人对"应当是"或"必须是"的理想追求。只有当现实我和理想我达到结合的时候，人才能达到真正的自我实现。罗杰斯主张，人格的成长在于充分实现理想我与现实我之间的和谐，而两者之间的冲突会导致人的心理失常和不协调。罗杰斯还主张，心理咨询的本质就在于最大限度地肯定和鼓励来访者，不断强化其自我状态的协调，帮助来访者充分实现自我的完善。

由此，人格完善就需要个人对自我的成长有明确的目标，并规划自己的最佳性格组合。例如，有的人太自卑、太敏感，非常想变得自信、随和起来。这当中他的现实我就是自卑，理想我就是自信。那么，他唯有不断地与自己做斗争，才能终有一天达到自我的人格完善——做一个不自卑、不敏感、从容自信的人。

三、完善人格的十大重点

（一）自我挑战

自我挑战就是要意识到自我完善的重要性。人格完善就是一个人不断认识自我、提升自我、实现自我的过程。在心理学上，人格泛指一个人独特的、相对稳定的行为模式。

所以，在生活中，别人怎么看你、怎么议论你，都在映射着你人格的优缺点。对此，你只有不断上心，方可完善自己。这与小孩子不一样，小孩子一天到晚，父母都在督促他们改正缺点，形成某种规范行为。而成人的人格完善是自己给自己念紧箍咒，自己跟自己斗。

(二)自我信念

自我信念就是要树立一个信念。在心理学上，人格泛指个人的先天遗传与后天培养的认知、情感、动机、行为方式的总和。在人生的最初十多年当中，先天遗传对个人的人格占主导作用，但随着年龄的增长，后天培养的人格因素越来越起主导作用。因此，人格实际就是个体适应环境的一种行为方式。人可以通过有意识的培养与努力，改变自己的人格。

(三)自我评价

自我评价要求客观评价自己。有时人们容易自傲，忽略别人给予自己的意见和建议。实际上，他人对自己的评价也许比自我评价更客观、具体。我们应该避免自我封闭，要信任他人，并谦虚接受别人指出的不足。其实，不管对方是何等身份，对于我们来说，都是一面能反射出自我的镜子。同时，我们应该有意识地扩大自己的社交圈，以得到更多人对自己的反馈。这样我们才能更全面、客观地认识和完善自我。

(四)榜样学习

榜样学习就是神交古人，结交益友，通过对他们的认同来促进自我的成长。人格的成长需要不断地发现古往今来的榜样人物，并加以积极的效仿。

小故事

超越自卑——阿德勒

奥地利著名心理学家阿德勒(Alfred Adler)可视为完人的典范。阿德勒是弗洛伊德的大弟子，他曾提出著名的"自卑情结"理论，就是指人在某些方面都有自卑情结，因此人需要不断克服自卑、不断成长，这才是人的基本需求。有趣的是，阿德勒本人的生活经历恰恰验证了这一点。

阿德勒在家庭六兄弟中排行第二，从小驼背，行动不便。他的哥哥体格健壮、蹦跳自如，所以阿德勒总是自惭形秽。为了超越哥哥，他不断地努力，直到有朝一日，他发现自己成了一个名满天下的学者，而他哥哥只是一个乡村小教师。早年，因为阿德勒学习差，老师曾建议他去当鞋匠，但是他发奋学习后，他的人生完全是另一番风景。

（五）目标设定

目标设定就是说人要有自知之明，要深刻地了解自己的长短优缺，并勇于挑战自己，设定目标，完善自己。

知识链接

约哈里之窗

心理学上有一个"约哈里之窗"的理论，它假设有关认识自己的四大范畴。

公开范畴，你和你周围人都知道的。

盲目范畴，别人对你了解，但你自己对此并没有清楚的认识。

隐匿范畴，你对自己了解，但别人不知道的。

未知范畴，你自身现在还没有表现出来，而且周围人也感觉不到的。

"约哈里之窗"提出了认识自我的办法，就是增加公开范畴。

把盲目范畴变为公开范畴：听取周围人的意见，甚至主动征求他们的意见，即使是批评，也应感谢别人能让我们对自己有所了解。把隐匿范畴变为公开范畴：要注意自我表现，毫不犹豫地表达自己的思想情感，但自我显示要谨慎，不能没有任何掩饰。把未知范畴变为公开范畴：这需要置身于不熟悉的环境中，体验新的经历，在新生活认识自己、发现自己。

（六）自我磨炼

2012 年 6 月 19 日，时任中共中央政治局常委、中央书记处书记、国家副主席习近平到清华大学调研考察时对同学们说："今后的工作中大家会遇到各种困难，不要只想着一路上鲜花铺路。当我们取得成绩的时候，不要骄傲自满，要谦虚谨慎；当我们遇到困难挫折的时候，要愈挫愈奋、不断努力、自强不息，在人生的道路上不断磨砺意志、增长才干，在报效祖国的过程中成长成才。"自我磨炼要付诸行动。即使是很小的改变或象征性的计划，也比停留在脑子里的计划要好一百倍。要相信自己能成长、能够改变，相信行动是改变自我、接近理想人格的最佳途径。尤其是最初产生自我完善想法之时，是最有行动力的时候，此时应尽快行动起来。

（七）自我监督

自我监督要有所行动，就需要"勇"字当先。在行动过程中，要注意两点。

其一，在行动前要战胜"内在的批评"。所谓"内在的批评"是指"这毫无用处，何必做呢？""这是行不通的"等想法。这些想法会贬低自己的能力。要意识到，这些想法是完善人格路上的障碍。对于它的出现，你要分别找出答案。例如，去问问别人是怎么想的，维持这样的现状会让自己更好受吗？

其二，在行动中要善于接受失败。一般来说，谁也不喜欢失败，但失败往往无法避免。在失败面前，要善于把抱怨变成目标。一旦开始实施自我完善计划，就要坚持到底，绝不可半途而废。即使遇到困难，也不要退缩，因为最后的成果是极大的骄傲与荣誉。

（八）坚持不懈

坚持不懈就是在自我完善中，不断调整自己的进度，努力达到新的目标。正所谓"贵在坚持"，一个人能做到坚持，就已经成功了一半。大部分失败往往并不是因为能力不够，而是因为半途而废。

（九）自我开放

自我开放就是要保持一个开放的思想。我们生活在一个日新月异的时代，所有信息和事物都在不断地更新，这就意味着我们要不断重新审视自己的人格，看看有没有和这个时代不合拍的地方。一旦发现，就有必要采取行动进行自我人格完善。

（十）自尊自爱

自尊自爱就是要学会接受自己。虽然追求完美是好的，可是过度的完美主义很可能给自己带来很大的压力与麻烦。不应该盲目追求"完美人格"，而应该努力拥有一个"完整人格"。这就需要我们客观认识自己，包容和接受自己；增强自己的优点，改变自己的"大"缺点，接受自己的"小"缺点并把它变成自己的特点。对于缺点的分类，需要一个主观和客观意见的平衡，避免把较致命的缺点留下、把可爱的小特点改变。

最后，自我完善应该是一个主动和积极快乐的行为与过程，千万不要因为别人而勉强改变自己，永远不要为了追求八面玲珑而迷失自我。人格完善是对个人性格特点扬长避短，补善去恶。孔老夫子曾言，克己复礼为仁。这里，"仁"其实就是自我的最佳状态。做个完人，其实就是不断寻求自我超越的过程。

体验活动

我生命中的重要五样

目的：澄清个人价值观，培养成熟人格。

形式：按学号分组，每组8～10人。

道具：事先印好的练习表、笔。

操作：①辅导教师给每人一张练习表，请每个人思考个人生活中什么最重要及选择的理由，并填写。②小组内交流分享。③如果生活中发生了意外，请每人删除一样，小组内交流。④如果再次发生意外，请每人再删除一样，小组内交流。⑤如果只能保留一样，其余全部放弃，请选择，小组内交流。

分享：①你能够认清自己生活中最重要的是什么吗？②在每次丧失重要的一样时，你的感受是什么？③通过练习，你得到了什么启发？

我生活中最重要的五样及选择的理由：

1.　　　　　　　　　　　　　　2.

3.　　　　　　　　　　　　　　4.

5.

丧失练习（认真体验过程及内心的感受）：

从练习中得到的启发：

课堂演习

自卑的小明

　　小明今年上大一，他来自一个南方的小城镇，初中开始就一直住校。他的学习成绩很好，但是上大学后发现自己在与异性交往上很自卑，不知道该说什么。他觉得如果不知道女生喜欢什么就没法聊，但如果不聊就不会知道她们喜欢什么。这让他很矛盾。

　　运用人格理论谈谈你对小明的理解，以及如何帮助他。

推荐资源

　　[1][美]马斯洛：《马斯洛说完美人格》，高适编译，武汉，华中科技大学出版社，2012。

　　[2]电影：《黑天鹅》。

第五章　与人交往，"网"住亲密

学习目标 ▶ ┈┈

1. 理解人际交往的含义及相关理论。
2. 掌握大学生人际交往的特征、常见的交往问题及影响因素。
3. 掌握人际交往的方法及必要技巧。

思维导图

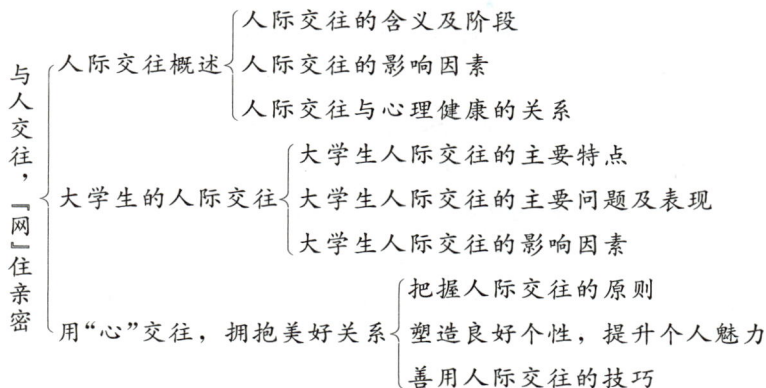

与人交往，「网」住亲密
- 人际交往概述
  - 人际交往的含义及阶段
  - 人际交往的影响因素
  - 人际交往与心理健康的关系
- 大学生的人际交往
  - 大学生人际交往的主要特点
  - 大学生人际交往的主要问题及表现
  - 大学生人际交往的影响因素
- 用"心"交往，拥抱美好关系
  - 把握人际交往的原则
  - 塑造良好个性，提升个人魅力
  - 善用人际交往的技巧

身边的故事

交不到朋友的她

某女生，在家是独生女，家里经济条件较好，从小娇生惯养，父母对她有求必应，百般宠爱。可是上大学后，突然和其他人住在一起，共享一个对她来说特别狭小的空间，她感觉很委屈和不适应，经常在宿舍里乱发脾气。宿舍的同学不像她父母那般宠着她，她们纷纷疏远了她，并且有意排挤她，让她感到十分孤单和痛苦。

故事导读

比起中学生，大学生的人际交往更为复杂、更为广泛，独立性更强，也更具社会性。个体开始独立地步入准社会群体的交际圈。大学生们开始尝试独立的人际交往，并试图发展这方面的能力。而且，交往能力越来越成为大学生心目中衡量个人能力的一项重要标准。然而，并不是每个大学生都能处理好人际关系。在这一过程中，有相当数量的人会产生各种问题。认知、情绪及人格因素都影响着人际关系的建立。建立良好的人际关系，关键是要学会本着平等、尊重、真诚、宽容、谦逊的原则，在积极的人际交往实践中提高自己。

第一节　人际交往概述

一、人际交往的含义及阶段

(一)人际交往的含义

人际交往也叫人际沟通，指个体通过一定的语言、文字或肢体动作、表情等表达手段将某种信息传递给其他个体的过程。通过交往形成的人与人之间的关系称为人际关系。它包括亲属关系、朋友关系、同学关系、师生关系、雇佣关系、战友关系、同事及领导与被领导关系等。人际关系反映的是人与人之间的心理距离。大学生的人际关系主要包括亲属关系、朋友关系、同学关系和师生关系。

(二)人际交往的阶段

社会心理学家欧文·阿特曼和达尔马斯·泰勒(Irwin Altman & Dalmas Tay-loy)提出了社会渗透理论(social penetration theory)来解释关系发展的过程。他们认为人际交往主要有两个维度:一是交往的广度,即交往的范围;二是交往的深度,即交往的亲密水平。阿特曼等人认为,良好的人际关系的发展一般经过四个阶段:定向阶段、情感探索阶段、情感交流阶段、稳定交往阶段,如图 5-1 所示。

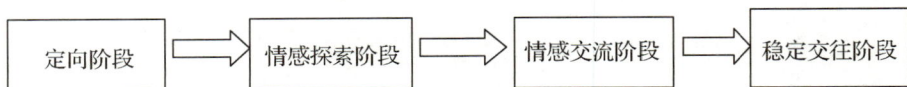

| 定向阶段 | → | 情感探索阶段 | → | 情感交流阶段 | → | 稳定交往阶段 |

图 5-1　人际关系的四个发展阶段

1. 定向阶段

定向阶段包含着对交往对象的注意、抉择和初步沟通等多方面的心理活动。在熙熙攘攘的人海里,我们并非要同每个人都建立良好的人际关系,而是对人际关系的对象有着高度的选择性。通常情况下,只有那些会激起我们兴趣的人,才会引起我们的特别注意。在一个团体中,我们在人际关系方面会将这些人放在注意的中心。

初步沟通是在选定一定的交往对象之后,试图与这一对象建立某种最初的联系,以便自己知道是否可以与对方有更进一步的交往,从而使彼此之间的人际关系发展获得一个明确的定向。由于初步沟通实际上是试图建立更深刻关系的尝试,因此,尽管我们所暴露的有关自我的信息是最表面的,但我们都希望在初步沟通过程中给对方留下良好的第一印象,以便以后关系的发展获得一个积极的定向。

人际关系的定向阶段,其时间跨度因情况而不同。邂逅相见恨晚的人,定向阶段会在第一次见面时就完成。对于可能有经常的接触机会而彼此又都有较强的自我防卫倾向的人,这一阶段要经过长时间沟通才能完成。

2. 情感探索阶段

这一阶段的目的是彼此探索双方在哪些方面可以建立真实的情感联系,而不是仅仅停留在一般的正式交往上。在这一阶段,随着共同情感领域的发现,双方的沟通也会越来越广泛,自我暴露的深度与广度也逐渐增加。但在这一阶段,双方的话题仍避免触及对方私密性的领域,自我暴露也不涉及自己根本的方面。尽管在这一阶段双方在关系上已开始有一定程度的情感卷入,但交往模式仍与定向阶段相类似,具有很大的正式交往特征,彼此还都注意自己表现的规范性。

3. 情感交流阶段

人际关系发展到情感交流阶段,双方关系开始出现实质性变化。此时,双方的人际关系安全感已经得到确立，因而谈话也开始广泛涉及自我的许多方面，并有较深的情感卷入。如果关系在这一阶段破裂，将会给人带来相当大的心理压力。在这一阶段，双方的表现超出正式交往的范围，正式交往模式的压力趋于消失。此时，双方会相互提供真实的、评价性的反馈信息与建议，彼此进行真诚的赞赏和批评。

4. 稳定交往阶段

在这一阶段，人们心理上的相容性会进一步增加，自我暴露也更为广泛深刻。此时，人们已经可以允许对方进入自己高度私密性的个人领域，分享自己的生活空间和财产。但在实际生活中，很少有人达到这一情感层次的友谊关系。许多人同别人的关系并没有在第三阶段的基础上进一步发展，而是仅仅在第三阶段的同一水平上简单重复。

以上人际交往过程可以用图 5-2 来表示。

图解	人际关系状态	相互作用水平
 ○　　○	零接触	低
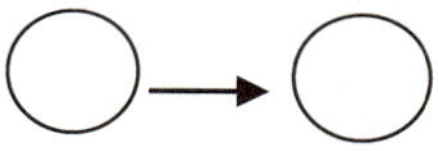 ○ → ○	单向接触	
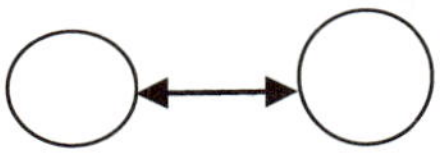 ○ ↔ ○	双向接触	↓
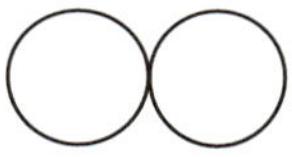 ◯◯	轻度卷入	
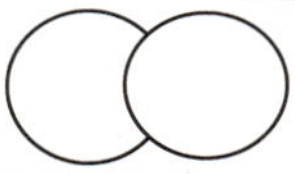 相交圆	中度卷入	
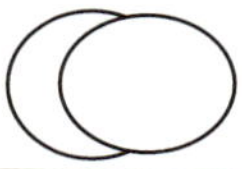 重叠圆	深度卷入	高

图 5-2　人际交往的发展过程

二、人际交往的影响因素

(一)个人特征

1. 外貌

虽说我们在日常生活中不能"以貌取人"，但是我们都会被美丽的皮囊所吸引，并且这种吸引具有一定的"辐射"范围，我们可能会因为对方的美丽而产生明显的倾向性。例如，在大学生组织的集体活动中，那些最先受到关注的学生总是在同等条件下具有外貌吸引力的人。值得重视的是，外貌的吸引力更多体现在最初的浅度交往，随着交往的深入，人们更看重的还是个人的内在品质和能力。

心理实验室

　　对于外貌好的标准，人们通常有大体一致的看法，但也存在文化差异、时代差异、个体差异与关系差异。戴恩（K.Dion）及其同事在实验室向大学生被试出示3张外表吸引力不同的照片，请他们对照片上的3个人在27项特质上打分，并预测其未来的幸福程度。实验结果是大多数被试对外貌好的人给予更高的评价与预测，这表明人们容易对外貌好的人产生很强的刻板印象，即"美就是好"。所以人们一般觉得外貌好的人聪明、有趣、独立、会交际、能干等。

2. 才能

　　一个人的能力大小与被人喜欢程度的高低有着密切的关系。一般人们比较喜欢聪明能干的人，特别是有某些特长的人。"追星族"就是典型的对他人某方面能力和特长的极度崇拜。同时，能力或才华与外貌具有互补性。一个长相一般甚至丑陋的人，如果其才华出众或者具有某方面的特长，其能力因素就会起主导作用，产生人际吸引力，其相貌劣势可以被忽略。

　　但是，才能与吸引力之间并非总是成正比关系，有些能力超强的人反而在人际交往中被孤立和排斥。常常有学生因为自己的出类拔萃反而失去了同学的喜欢和信任，这其中的原因就是能力太出众的人往往会给周围的人造成压力，甚至有些能力出众且自命不凡的学生容易将自己放到大众的对立面，"木秀于林，风必摧之；行高于人，众必非之"说的就是这个道理。因此，偶尔犯些小小的错误会增加有才能的人的吸引力，这就叫作"犯错误效应"。

心理实验室

　　美国社会心理学家阿伦森（Elliot Aronson）曾进行过一项实验。他让被试听录音带，录音带有四种声音，分别显示出具有不同条件的人：能力超凡的人，能力超凡但犯了错误的人，能力平平的人，能力平平又犯错误的人。结果发现，最受欢迎的是第二种人，最不受欢迎的是第四种人。实验揭示了生活中常见的一种心理现象：对一个有能力的人来说，偶尔的小过失并不会使他失去吸引力，反而使他更接近普通人，因而更受人们的喜爱。

3. 个性品质

　　良好的个性品质具有最持久的吸引力。一般而言，真诚、热情、正直、开朗、幽默的个性品质在人际交往中最受欢迎，而自私、虚伪、冷漠等个性品质是最令人讨厌的。

心理实验室

　　美国心理学家安德森（N. Anderson）在 1968 年做的一项调查中发现，最受大学生喜爱的 6 种个性品质包括真诚、诚实、理解、忠诚、真实、可信，这些个性品质直接或间接都与真诚有关。而大学生最讨厌的品质包括不诚实、不可信等，也都与真诚有关。由此可见，真诚是影响人际交往吸引力的关键因素。

　　相关研究显示的个性品质受到喜欢的程度如表 5-1 所示。

表 5-1　个性品质受喜欢的程度

高度喜欢的品质	中性品质	高度厌恶的品质
真诚	固执	古怪
诚实	刻板	不友好
理解	大胆	敌意
忠诚	谨慎	饶舌
真实	追求完美	自私
可信	易激动	狭隘
聪慧	文静	粗鲁
可依赖	好冲动	自负
有头脑	好斗	贪婪
体贴	腼腆	不真诚
可靠	猜不透	不可信
热情	易动情	恶毒
善良	羞怯	不诚实
友好	天真	冷酷
快乐	好动	邪恶
不自私	空想	虚伪
幽默	追求物欲	
负责	反叛	
开朗	孤独	
信任别人	依赖别人	

（二）熟悉度

　　熟悉或交往频率高能增加喜欢的程度。长期的或高频率的交往能让两个人拉近距离，提升亲密度。"日久生情"说的也是这个道理。

心理实验室

美国心理学家扎琼克（R. Zajonc）曾经进行过交往频率与人际吸引的实验研究。他将被试不认识的12张照片随机分成6组，每组2张，按以下方式展示给被试：第一组2张看1次，第二组2张看2次，第三组2张看5次，第四组2张看10次，第五组2张看25次，第六组2张被试从未看过。在被试看完全部照片后，实验者再出示全部照片。要求所有被试按自己喜欢的程度将照片排序，结果发现一种极明显的现象：照片被看的次数越多，被选择排在前面的机会也越多。

可见，简单的呈现确实会导致吸引，彼此接近、常常见面的确是建立良好人际关系的必要条件。

（三）相似与互补

人际交往中的相似是指共同的态度、信仰、价值观与兴趣，共同的语言、种族、出生地，共同的文化、宗教背景，共同的受教育水平、年龄、职业、社会阶层，乃至共同的遭遇、共同的疾病等，都能在一定条件下，不同程度地增加人们之间的相互吸引。年轻人和年轻人之间比较容易吸引，老年人和老年人之间也容易吸引。人们通常喜欢那些在观点、行为和态度上与自己相同的人，喜欢那些给自己带来正能量的人，而讨厌那些给自己带来负能量的人。

与相似相联系的是互补。互补是指双方在交往时所产生的互相满足的心理状态。当交往双方的需要和满足途径正好互补时，双方会产生强烈的吸引力，常在感情较深的朋友、夫妻间发生作用。对短期的恋爱关系来说，熟悉、外貌以及价值观念的相似是形成人际吸引的主要因素；而对于长期恋爱关系来说，互补是发展密切关系的一个非常重要的因素。大学生中，内向型性格的人可能更喜欢与外向型性格的人交朋友，依赖性强的人更愿意与独立性强的人交朋友。还有一种情况是补偿作用，如一个看重成绩而自己成绩又不是很理想的学生，更喜欢和成绩优秀的学生交朋友。

综上可知，提高人际吸引力要注意：①缩短与对方的距离，增加交往的频率；②个性上符合对方的期望；③培养自己良好的个性品质；④不要自作聪明地认为批评指正、直言相劝能让对方感受到真心和直爽，相反，这样做只能让对方产生厌恶之情，降低你的人际吸引力；⑤在交往中要真心喜欢、尊敬和信任他人，才能获得他人的喜欢、尊敬和信任。如果在交往中一味地想从对方那里得到什么，就根本无法得到别人的喜欢，也提高不了自己的人际吸引力。

（四）人际交往中的心理学效应

社会心理学研究表明，人际交往中存在一些心理现象，常常会影响对交往对象的认知、印象、态度及情感等，并进一步对人际关系产生影响。掌握人际交往中的心理效应并合理利用，对于帮助大学生建立良好的人际关系十分重要。

1. 首因效应

首因效应又称为第一印象效应。当个体与他人初次接触时，首先接触到的关于交往对象的个人信息会给人留下强烈的印象，也会影响对交往对象的判断。初次接触时，交往双方会十分重视对方的表情、衣着、年龄、言行等细小方面，并由此形成对交往对象的第一印象。

由于首因效应的存在，人们对他人的社会认知往往表现出这样的倾向：当人们只获取了有关他人的少量信息时，就力图对他人的另外一些特征做出推理、判断，以期形成有关他人的统一的、一致的印象。一般情况下，第一次交往在人际交往中非常重要。第一印象好，在以后的交往中就会使人总是从积极的方面去理解和观察对方；反之，第一印象不好，就容易使人产生偏见，总是从消极的方面去理解和观察对方。

小故事

利用首因效应求职

一个新闻系毕业生正急于寻找工作。一天，他到某报社对总编说："你们需要一个编辑吗？""不需要！""那么记者呢？""不需要！""那么排字工人、校对呢？""不，我们现在什么空缺也没有了！""那么，你们一定需要这个东西。"说着，他从公文包里拿出一块精致的小牌子，上面写着"额满，暂不雇用"。总编看了看牌子，微笑着点点头说："如果你愿意，可以到我们广告部工作。"这个大学生通过自己制作的牌子表达了自己的机智和乐观，给总编塑造了良好的第一印象，引起其极大的兴趣，从而为自己赢得了一份满意的工作。

首因效应告诉我们，初次交往除了要尽可能给对方留下好的印象外，同时也要提高自己的认识能力，尽可能准确地判断对方。更重要的是，了解别人时应当尽可能克服首因效应的消极影响，客观公正地评价别人。

在交友、招聘、求职等社交活动中，我们可以利用首因效应给人展示一种极好的形象，为以后的交往打下良好的基础。当然，这在社交活动中只是一种暂时的行为，更深层次的交往还需要加强谈吐、举止、修养、礼节等各方面的素质，否则会导致另一种效应的负面影响，那就是"近因效应"。

2. 近因效应

近因效应是相对于首因效应而言的，是指交往过程中，人们对他人最近、最新的认识占了主体地位，掩盖了以往的评价，也称为"新颖效应"。

例如，一个平凡的老邻居突然升职，你就会一扫其平凡的印象，对其刮目相看。又如，你的一个好朋友最近做了一件对不起你的事情，提起他来你只记得他的缺点，完全忘了当初他对你的好……这一切都是近因效应的影响。

小故事

因近因效应而断绝友谊

小林与小萌是小学同学，从那时起两个人就是好朋友，双方非常了解。可是近一段时间小萌因家中闹矛盾，心情十分不快，有时小林与他说话，他动不动就发火，而且一个偶然的因素让小萌卷入了一宗盗窃案，小林认为小萌过去一直在欺骗自己，于是与他断绝了友谊。这就是近因效应在起副作用。

最后的印象也是不可忽视的。一般而言，对陌生人的认知中，首因效应比较明显，而对熟识的人的认知中，近因效应比较明显。这就告诉我们，在与他人进行交往时，既要注意平时给对方留下的印象，也要注意给对方留下的第一印象和最后印象。

3. 晕轮效应

晕轮效应又称光环效应，是指在人际交往中，人们常从对方所具有的某个特征而泛化到其他有关的一系列特征上，这种特征起到了一种类似晕轮的作用，掩盖了这个人的其他特征。即根据最少量的情况对他人做出全面的结论。

心理实验室

美国心理学家凯利（H. Kelley）以麻省理工学院两个班级的学生为实验对象，分别做了一个实验。上课之前，实验者向学生宣布，临时请一位研究生来代课，并告知学生有关这位研究生的一些情况。其中，向一个班学生介绍这位研究生具有热情、勤奋、务实、果断等品质；而向另一个班学生介绍的信息除了将"热情"换成"冷漠"之外，其余各项都相同。但学生们并不知情。两种介绍的差别是：下课之后，前一个班的学生与研究生一见如故，亲密攀谈；另一个班的学生却对他敬而远之，冷淡回避。可见，仅一词之别，竟会影响到对他人的整体印象。学生们戴着"有色眼镜"去观察代课者，使这位研究生被罩上了不同色彩的晕轮。

晕轮效应实际上是个人主观推断泛化和扩张的结果。它使人对交往对象产生认知偏差，导致错误的反应，影响正常的人际交往。所谓"情人眼里出西施""学习好即三好学生""以貌取人""一白遮百丑"等都是晕轮效应的表现。

在日常生活中，受晕轮效应的影响，常常会产生很多人际交往的误区。例如，漂亮的人常常被认为是善良的、聪明的，热情的人是诚实的、友好的、慷慨的等。因此，我们要有意识地训练自己从不同角度、不同方面去观察、评价他人，力求做到实事求是、客观公正，尽可能纠正晕轮效应造成的认知偏差。在人际交往中克服晕轮效应的消极作用，尤其要防止喜欢一个人的某一点便认为他一切都好，讨厌一个人的某一点便认为他一切都不好。在克服晕轮效应的消极作用的同时，还要学会利用晕轮效应的积极作用，例如，塑造良好的外在形象，优化自己的言谈举止，突出自己的优势、特长等，以便给他人留下美好的整体印象。

4. 刻板效应

刻板效应是指社会上对于某一类事物或人的比较固定、概括而笼统的看法，以至于在人们的头脑中形成关于某一类事物或人的固定形象，它潜藏于人的意识之中。刻板印象往往不以事实为依据，只凭一时偏见或道听途说而形成。在人际交往中，有些人常常会不自觉地按年龄、性别、职业等特征对他人进行归类，从而形成偏见、成见，损害人际关系。例如，人们普遍认为，农民是吃苦耐劳、忠诚老实的，而生意人都是不老实的、狡猾的；有的大学生认为贫困家庭的学生小气、自私，家庭社会地位高的学生傲气、不好相处等。这种刻板效应容易因为"先入为主"而妨碍正常人际关系的形成。

5. 投射效应

投射效应是指常常认为别人与自己具有同样的爱好、个性等，常常以为别人应该知道自己的所思所想，即"以己论人"。投射效应是一种严重的认知心理偏差。它是由于怀疑引起的对别人人格的歪曲。"以小人之心，度君子之腹"就是投射效应的典型写照。当别人的想法或行为与自己不同时，就习惯用自己的标准去衡量别人，从而认为别人是错的。例如，喜欢嫉妒的人常常认为别人也在嫉妒，自私的人总认为别人也很自私，而慷慨大方的人认为别人对自己也应该不小气，一个对他人有敌意的学生总感觉对方对自己也怀有仇恨。由于投射效应的影响，人际交往中很容易产生误解。

心理实验室

心理学家罗斯(Ross)在80名参加实验的大学生中征求意见，问他们是否愿意背着一块大牌子在校园里走动。结果，48名大学生同意背牌子在校园里走动，并且认为大部分学生都会乐意背，而拒绝背牌子的学生则普遍认为只有少数学生愿意背。可见，这些学生将自己的态度投射到了其他学生身上。

小故事

苏东坡和佛印

宋代著名学者苏东坡和佛印和尚是好朋友。一天，苏东坡去拜访佛印，与佛印相对而坐。苏东坡对佛印开玩笑说："我看见你是一堆狗屎。"而佛印则微笑着说："我看你是一尊金佛。"苏东坡觉得自己占了便宜，很是得意。回家以后，苏东坡向妹妹提起这件事。苏小妹说："哥哥你错了，佛家说'系心自现'，你看别人是什么，就表示你自己是什么。"

由于人类有许多本质上共同的特征，所以投射效应有时能够帮助人们相互理解。但是，过多地受制于此，把主观意向强加于人，则会造成对他人的认知偏差。自己对某人有看法，就以为对方也在搞鬼，于是搜罗一些似是而非的证据进行验证，使彼此关系不断恶化。要想克服投射效应的消极作用，我们应该辩证地、一分为二地看待自己和他人，严于律己、客观待人，尽量避免以自己的标准去判断他人。

三、人际交往与心理健康的关系

现代心理学研究表明，人类的心理病态大多是人际关系失调所致。

（一）健康的人际交往能促进身心健康发展

与人发生冲突会使人心灵蒙上阴影，导致精神紧张、抑郁，不仅可致心理障碍，而且可刺激下丘脑，使内分泌功能紊乱，进一步引起一系列复杂的生理变化。许多身心疾病如冠心病、消化性溃疡、甲状腺功能亢进、偏头痛、月经失调和癌症，都与长期的不良情绪和心理遭受的强烈刺激有关。

（二）积极的人际交往能维持情绪稳定

每个人都有快乐和忧愁，快乐与朋友分享会更快乐，忧愁向朋友倾诉就会减轻，倾诉的过程就是减轻心理压力、缓解心理紧张的过程。如果缺乏必要的交往会导致人心理负荷过重。大量的研究证实，离群索居会使人产生孤独、忧虑，可导致心理障碍。有的国家以限制人际关系、实行心理隔离作为惩罚罪犯的手段，经过数年隔离，罪犯轻者出现心理沮丧，失去语言能力，重者可患精神分裂症。

（三）愉快、广泛和深刻的心理交往有助于个性健康发展

心理学家研究发现，如果一个人长期缺乏与别人的积极交往，缺乏稳定而良好的人际关系，往往容易有明显的性格缺陷。青少年心理咨询中发现，绝大多数青少年的心理危机都与缺乏正常的人际交往和良好的人际关系相联系。同时心理学家从各个不同角度做过大量研究，发现健康的个性总是与健康的人际交往相伴随的。心理健康水平越高，与别人交往越积极，越符合社会的期望，与别人的关系也越深刻。心理学家专门研究了身体、智力和心理健康水平都很优秀的宇航员、大学生和中学生，得出了一个共同的结论，即心理健康水平高的人同别人的交往以及人际关系都很好。他们有着一系列有利于积极交往和建立良好人际关系的个性特点，如友好、可靠、替别人着想、温厚、诚挚、信任别人等。这些研究还发现那些心理健康水平高的人往往来自人际关系状况良好的幸福家庭，这从一个侧面提供了人际关系状况影响个性发展和健康的佐证。

心理实验室

美国心理学家斯坦利·沙赫特（Stanley Schachter）曾做过一个实验：他以每小时 15 美元的酬金招募被试待在一个小房间里。这个小房间完全与外界隔绝。实验结果是：有一个人在小房间里只待了 2 小时就出来了，有人待了 2 天，还有一个人待了 8 天。这个待了 8 天的人出来后说："如果让我在里面再多待一分钟，我就要疯了。"这个实验说明人需要生活在社会中，需要彼此沟通、交流，以维护个体的身心健康。

第二节　大学生的人际交往

一、大学生人际交往的主要特点

大学生交往呈现多元与开放的特点。来到一个新的环境，周围又都是同龄人，大学生觉得一切都很新鲜。他们渴望友谊，渴望结交更多的朋友，交流更多的信息，接受更多的新思想，同时也希望能够快速融入这个大团体。在这种心理的作用下，大学生的人际交往表现出以下几个特点。

（一）人际交往的需要迫切

大学生思想活跃、精力充沛、兴趣广泛、活泼好动，他们力图通过交往拓宽视野，获得同伴的认可、接受、尊重，快速找到自己在团体中的位置，满足自己多方面的需求，因此，对人际交往的需要往往比成人和中小学生都更迫切。

（二）交往对象以同龄人为主

大学生学习、生活的环境决定了他们交往的对象是以同龄人为主的。共同的生活环境、学习任务、相似的人生经历使大学生的交往对象更多地选择同寝室、同班、同乡等相似背景的同学。交往内容围绕学习、考试、娱乐、思想交流、情感沟通而展开。

（三）交往动机中功利性成分少而情感性成分多

大学生交往更注重情感的沟通和交流，对其交流生活中的直接功利性动机一般不持肯定态度，更注重精神方面的获益，往往带有理想色彩。虽然如此，并不代表大学生不注重人际交往中的功利性成分。实际上，大学生人际交往中的功利性成分正呈上升趋势。

（四）交往心理矛盾化

一方面，大学生带着美好的愿望来到大学，大部分人背井离乡，容易表现出强烈的人际交往需要，他们迫切地想要建立良好的人际关系来缓解内心的不适应；另一方面，由于交往技巧不足，大学生容易在交往过程中遇到各种问题，这会打击他们继续交往的积极性，甚至从行为上拒绝交往。这就形成了一种矛盾的状况，即从内心讲，他们希望拥有好的人际关系，但因为害怕失败和受伤，又从行为上封闭自己，阻断自己的交往。

(五)人际交往具有广泛性和时代性

随着现代通信工具的普遍运用，大学生交往的广泛性和时代性特点显露无遗。在社交类网站用户活跃度不断下降的趋势下，微信正逐渐超越 QQ、微博等，成为大学生最重要的网络学习和社交工具。2018 年春，微信全球月使用活跃用户数首次突破 10 亿大关。[①]

(六)异性之间的交往愿望强烈

由于生理逐渐成熟，大学生逐渐对异性产生兴趣，而大学生活又为异性同学交往提供了许多机会。因此，异性交往的愿望常常会变为交往的具体行动。

二、大学生人际交往的主要问题及表现

(一)缺少知心朋友，具有孤独感

现在的青少年独生子女占多数，他们从小缺乏兄弟姐妹间朝夕相处的感觉与体会，缺少可以相互交流、理解自己的亲密伙伴。每天陪伴他们的是家长。由于家长和孩子的心理发展水平不在同一条线上，生活经历、文化背景不同，生活的时代也有所不同，因此家长和孩子之间极易造成"代沟"。上大学前大多数孩子将重心放在学业上，家长、老师可能更多地关注学习问题而忽略了他们内心的情感交流渴求，这就容易造成孩子内心的寂寞与孤独。

对点案例

小李背井离乡，来到了外地上大学。对于刚上大一的她来说，这个城市的一切都显得那么陌生，陌生的校园、陌生的同学让她觉得很慌张。她每天心情压抑，却无人诉说。身边同学那么多，舍友也每天都见，可她就是找不到一个合适的倾诉对象。

(二)认为人际交往复杂，感到困惑和迷茫

这是很多大学生的心灵写照。熟悉了四周的环境，熟悉了四周的同学，才发现校园的生活并不像自己想象的那么简单，人的想法也不再像高中那样单纯了。人们说大学校园就是个小社会，每天少不了待人接物，然而待人接物并不简单，大学校

---

① 刘慧、胡浩:《马化腾：微信全球月活跃用户数首次突破十亿》，http://www.xinhuanet.com/2018-03/05/c_1122488991.htm，2019-11-10。

园汇集着来自五湖四海、四面八方的同学，风俗习惯、观点看法难免不一样。正是这些风俗习惯和观点看法的不同，使大学生的生活总是充满着小摩擦，总是不能风平浪静。

对点案例

小刚发现周围的同学都特别会社交，唯独自己不会。他觉得很多同学都会刻意和班干部处好关系，天天围着班干部转，还会说很多恭维的话，唯独自己说不出也做不出，搞得自己好像特别不合群。而那些会说话的同学也确实得到了很多好处，班干部会给他们行方便，有什么好事也都先想着他们，而自己却格格不入。他觉得自己已经不会和周围的人相处了，大家都戴着假面具，表面上和和气气，背地里互相指责。

（三）缺乏人际交往技巧，感到交往困难

有些大学生渴望交往，但由于交往能力有限、方法欠妥或个性缺陷、交往心理障碍等原因，致使交往状况不尽如人意，很少有成功的体验。他们往往感到苦恼，很希望改变交往状况。

对点案例

对于刚上大学的小新来说，大学的一切都显得那么新奇。新学期开学第一晚，在宿舍里，小新拿出自己从家里带来的好吃的想分给大家，维护一下关系，但是当时的她坐在自己的床上。她懒得下床，索性就在床上给大家派发食物，将自己带来的零食一个个扔给宿舍的同学。可是接下来的几天，大家对小新的态度很冷淡。几天后，小新偶然听到宿舍的人在议论她，说她自视清高，目中无人，竟然给大家扔吃的，把大家当乞丐一样施舍。小新听到后很难过，她不知道自己哪里做错了，交朋友这么难吗？

（四）具有社交恐惧感，封闭自我

部分大学生与他人交往平淡，甚至有抵触、恐惧的感觉，交往失去意义，他们往往不会或者不知道该怎样解决这个问题，反而多采用逃避的方式来避免社交。

对点案例

娜娜是个内向的女生，从小就不爱在公众场合说话，也羞于表达自己，家人、老师、同学对她的评价就是沉默寡言、不善言辞。上大学后，面对陌生的环境、陌生的同学，娜娜更是紧张，从不会主动跟别人说话，连打招呼都不敢。远远看到有同学迎面走来，自己紧张得转身就跑，生怕遇见后不知道该怎么办。

由于娜娜的性格内向，不主动与人打交道，即使其他同学想与她交往，她也会有意识地躲避，这使娜娜阻断了与外界的交往，无形中造成了自我封闭的状态。

(五)与他人交往感觉平淡，交往失去意义

部分大学生能与他人交往，但总感到与人相处的质量不高，缺乏影响力，没有关系比较密切的朋友，多属点头之交，没有人值得他牵挂，也没有人会想念他，他们难以保持和发展良好的人际关系。这类同学多会感到空虚、迷茫、失落。

对点案例

小K觉得社交、朋友这些对他来说是浪费时间，他认为彼此都是独立的个体，没必要非凑在一起，各自安好就是最好的方式。小K从不和别人多说话，经常独来独往，他信奉"君子之交淡如水"，认为只要做好自己的事情就好了，至于别人，他没空关心。

(六)过分碍于面子，使问题僵化

大学生的许多人际冲突都是发生在没有什么原则性问题的小事情上，往往是一次无意的碰撞、不经意的言语伤害或区区小利等，本来只要打个招呼、说声道歉也就没事了，但双方都赌气，不打招呼，不道歉，甚至出言不逊，结果争吵起来。更有甚者，双方拔拳相向，头破血流，事后懊悔不迭。双方都在用不适当的方法维护自尊，即典型的面子心理，仿佛谁先道歉就伤了面子，谁在威胁面前低了头就输了，于是矛盾层层升级，以悲剧而告终。

对点案例

小红和阿敏冷战了，原因其实很简单，就是两人约好一起去学校澡堂洗澡，可是因为阿敏睡过头了，错过了学校澡堂的开放时间。小红觉得阿敏是不想和她去，所以故意假装睡觉而耽误时间，于是就在宿舍和阿敏为此争吵。阿敏觉得小红无理取闹，小红觉得阿敏心怀不轨，两人就此一直僵持，谁也不愿退让一步，同在一个宿舍进出，却一直没什么话，都在暗暗较劲。

三、大学生人际交往的影响因素

(一)环境的变化

大学既是众多学子神往已久的象牙塔，同时又是复杂社会的缩影。大多数大学新生面临着适应环境和角色转换的迫切要求。大多数学生进入大学之前，没有在集体宿舍生活过。他们一般处在家长的呵护下，习惯于家庭环境下的关心和体谅，进

入大学后远离了家庭和原来熟悉的环境，面对的都是由少年向成人转变的同学。他们既想拥有私人空间，又希望了解他人的内心世界，也希望他人能够真正地理解自己。就这样，心理闭锁性与迫切交往的欲望之间的矛盾增加了大学生处理人际关系问题的难度。另外，大多数学生在中学时是班里的尖子生，处于优越地位，老师爱护，同学羡慕，但进入大学后他们面对的都是很优秀的同学，有部分学生感到压力很大，其优越感逐渐消失，找不到自己原先的位置，一旦适应不了新的环境和学习方式，缺乏自信，就会产生自卑心理。

（二）素质教育的匮乏

我国目前的教育现状仍处于"应试教育"阶段，"应试教育"带来的负面效应就是一些家长、学生、老师更加关心的是学生的考试分数，却忽视了无法用分数衡量的内在素质的培养，这其中就包括人际交往与沟通能力这个作为社会人必须具备的素质。

（三）社会的影响

现在，一些舆论宣传社会人情冷漠，这样的社会阴暗面影响着当代大学生。他们不敢相信人，不愿相信人，甚至变得不愿与人交往。

（四）缺乏对他人心理状态的洞察能力

我们可能常常会犯这样的错误，当某一时刻看到有些人有异常的行为举动时，不会尝试去了解对方的处境和心理状态，马上从这个人的行为来判断他是一个怎样的人，从而一传十，十传百，让大家误解这个人。这样的行为是人际交往的一大障碍。

（五）经济因素

部分来自农村的大学生家庭经济状况相对较差，有的甚至很难负担起昂贵的学费，每到新学年开始就会为该学年的学费发愁，产生焦虑。经济困难使他们吃饭穿衣相对其他同学较差，更使他们不能负担起和同学交往的花费。这样他们很容易产生自卑心理，常常逃避与同学交往，消极躲避集体活动，形单影只，久而久之就会产生人际交往障碍。

第三节　用"心"交往，拥抱美好关系

一、把握人际交往的原则

（一）平等尊重

人际交往首先要坚持平等的原则，切忌"看人下菜"。交往双方的人格是平等的，要不卑不亢，不讨好位尊者，也不藐视位卑者。此外，人际交往中还必须做到尊重。

古人言："敬人者，人恒敬之。"尊重包括尊重自己和尊重他人。前者告诫我们在各种场合都要自重自爱；后者是指在人际交往中要尊重他人的人格，尊重他人的隐私和劳动成果，承认他人的社会价值。

小故事

平等交流

有一次，大文豪萧伯纳和邻居家的小女孩一起玩耍，当送小女孩回家时，他对小女孩说："知道我是谁吗？回家告诉你妈妈，就说和你一起玩的是萧伯纳。"小女孩天真地回应说："你知道我是谁吗？回家告诉你妈妈，就说和你一起玩的是小女孩安妮。"萧伯纳听了非常惭愧。后来，对朋友谈起此事时，他感慨道："一个7岁的小女孩给我上了人生中最好且最重要的一课：一个人无论有多大的成就，他在人格上与任何人都是平等的。这个教训我一辈子也忘不了。"

（二）真诚守信

真诚是人际交往中最有价值、最重要的原则，它是友谊的基石。只有彼此真诚，朋友之间的情谊才会牢固。守信包括两层含义：一是言必信，即要说真话，不说假话；二是行必果，即说到做到，遵守诺言，实践诺言。

小故事

民无信不立

《论语》中记载，子贡问孔子治国之道，孔子答曰："足食，足兵，民信之矣。"子贡又问，如果不得已，要在这三者之中去掉一个，那么先去哪一个呢？孔子回答："去兵。"子贡再问，如果不得已，要再去掉一个，应去哪个呢？回答："去食。"孔子接着说了句名言："自古皆有死，民无信不立。"

（三）团结互利

人际交往是一种双向行为，故有"来而不往非礼也"的说法。只有单方获得好处的人际交往是不能长久的。在交往的过程中，双方应互相关心、互相爱护，既要考虑双方的共同利益，又要深化感情，所以交往双方都要付出和奉献。

（四）宽容理解

宽容表现为不斤斤计较、不咄咄逼人、不耿耿于怀，宽恕伤害自己的人是困难的，但能做到这一点的人是高尚的。化诅咒为祝福是一种智慧，更是一种魄力。以一种博大的胸怀和真诚的态度宽容别人，就等于送给了自己一份神奇的礼物。而理解就是要求我们站到别人的立场想问题，有些看法虽然自己不赞同，但可以表示理解。

宽容大致包含以下几个方面的要求：①宽厚待人，不要过分地挑剔、容纳不了他人。②在与他人发生矛盾时，要有宽广的胸襟、豁达的气魄，要容许他人有不同的意见。有人说："差异带来繁荣。"要做到承认差异，悦纳他人，求同存异。③容许他人有过错。④有仁爱之心，将心比心，多为他人着想。

当然，宽容不等于怯弱，更不等于无原则地一味容忍退让。在人际交往过程中要把宽容与对坏人坏事的姑息迁就区别开来。

二、塑造良好个性，提升个人魅力

社会交往中，个人的知识水平与涵养直接影响着交往的效果。要想改善自己的人际交往，首先应该提高自己的人格魅力。只有让自己成为一个有着高尚人格魅力的人，人际交往的技巧才能有施展的平台。大学生在人际交往过程中必须具备如下品质。

(一)积极乐观，奋发向上

积极者乐观开朗，豁达大度，给人如沐春风的愉悦感。外向的积极者因富有感染力而能让人心境豁然开朗，愁心一扫而光；内向的积极者会因其温和宽厚的态度而给人一种可信可托的安全感。两者都有吸引人的特质，从而都会有不错的人缘。

(二)不卑不亢，真诚坦率

孤傲、目空一切的个性固然不会受到广大同学的欢迎，但自卑、瞧不起自己的人，只知其短不知其长，缺乏应有的信心，甘居人下，这种不平等的感觉也让与之相处的人感到压抑，难以产生有效互动。而不卑不亢者犹如四平八稳的天平，既不会盛气凌人又不会自卑，既能保持自己独立的个性又能对人平等和尊重，给人以公正、可信赖的感觉。真诚坦率使人与人之间能够以诚相待，相知相惜，相互信任，这是建立和维系良好人际关系最基本的条件。

(三)心胸宽广，热情大方

宽广的心灵不仅可以容纳来自不同地区的同学的个性、生活习惯，也可以体谅和理解同学的缺点及所犯的错误。事实告诉我们，热情豁达的人在人际交往中不仅受人欢迎，而且还值得信赖，这样的人往往是我们交友的首选。

(四)塑造个人的内外气质

通过读书、思考来提升自己的思考能力、丰富自己的思想、获取广博的知识、培养多方面的才能，没有什么比智慧和渊博更能增添一个人的魅力。除此之外，追求美、欣赏美、塑造美是人的天性。美的外貌、风度能使人感到轻松愉快，并且在心理上构成一种精神的酬赏。所以，大学生可恰当地修饰自己的容貌、衣着，形成自己独特的气质和风度并与内在美协调一致，即外秀内慧，能增添不少人际吸引力。

人际交往
情境测验

三、善用人际交往的技巧

小故事

南风效应

北风和南风比威力，看谁能让行人把身上的大衣脱掉。北风首先来一个冷风凛凛、寒冷刺骨，结果行人为了抵御北风的侵袭，把大衣裹得紧紧的。南风则徐徐吹动，顿时风和日丽，行人因为觉得很暖和，开始解开纽扣，继而脱掉大衣。结果很明显，南风获得了胜利。这就是"南风效应"这一社会心理学概念的来源。

"南风效应"给人们的启示是：在处理人与人之间的关系时，要特别注意讲究方法。北风和南风都要使行人脱掉大衣，但由于方法不一样，结果大相径庭。有些同学与大家在一起时盛气凌人，一次、两次可能因为你很凶占了上风，但不久你就会发现你已经失去了朋友。我们还可以看到，当与别人发生矛盾时，若各不相让，到最后往往是两败俱伤，反过来，如果两人平心静气地好好谈一谈，结果是否会好很多呢？所以我们在人际交往中一定要善用技巧。

（一）换位思考

孔子曾说过："己所不欲，勿施于人。"也就是说，能够换位思考的人可以做到"推己及人"。一方面，自己不喜欢的东西或不愿意接受的待遇，不要施加给他人；另一方面，应根据自己的喜好推及他人喜欢的东西或愿意接受的待遇，并尽量与他人分享这些东西和待遇。

任何人都希望他人理解自己。缺乏换位思考的人只会霸道、武断地将自己的意见强加给他人。反之，一个有同理心的人则会先把自己的意见或忠告放到一旁，认真倾听他人的想法。要少说多听，当他人表达意见时，不仅要理解他的立场和感情，还要设法使对方明白自己经完全了解他的想法。这么做除了能表达尊重和诚意外，更重要的是可以获得对方充分的信任，就像一个善解人意的医生可以靠悉心倾听获得病人的信任一样。"你怎样对待别人，别人就怎样对待你"，这条永恒的成功法则适用于每一个地方。因此，我们应该凡事为他人着想，站在他人的立场上思考。

小故事

锁与钥匙

一把坚实的大锁挂在大门上，一根铁杆费了九牛二虎之力，还是无法将它撬开。无奈，只好聘请小巧玲珑的钥匙来试试。只见弱不禁风的钥匙轻轻地钻进锁孔，轻巧地一转身，大锁"啪"的一声就打开了。粗大的铁杆不解地问："论身体你没有我大，论体力你更是比不上我，为什么你轻而易举地就把它打开了呢?"小巧的钥匙说："因为我最了解它的心。"

其实，每个人的心就像上了锁的大门，即便你力大如牛，如果没有同理心，仍然打不开别人紧锁的心门。无论在人际交往中面临什么样的问题，只要设身处地、将心比心地尽量了解并重视他人的想法，就能更容易地找到解决方案。尤其是在发生冲突或误解时，当事人如果能把自己放在对方的处境中想一想，也许就可以了解对方的立场和初衷，进而求同存异、消除误解了。

(二)善用赞扬

赞扬他人是对人的一种肯定，是表达自己好感的直接方式，而获得赞扬是人的一种心理需要。莎士比亚说："赞扬是照在人心灵上的阳光，没有阳光，我们就不能生长。"赞扬能释放一个人身上的能量，调动人的积极性。因此，我们对人要显示友善的态度，不要轻易地说"不好听"的话。常将"你好""谢谢你""你真是太棒了"这些话挂在嘴边，不要吝啬赞美他人，被赞美的人会感觉内心温暖，同时我们自身也能感受到他人对我们的热情和友好。

真诚地称赞他人，首先要对对方的行动、语言、成就等由衷地感到佩服，真心认为了不起，然后把它表达出来，毫无诚意的赞美反而会让人反感。"奉承这个人，讨得他的欢心会有好处"，如果赞美时存着这样的念头，那么奉承话说得再卖力，对方也不会喜欢。这种算计从外表一眼就能看出来，效果会适得其反。而且，周围冷眼旁观的人也会觉得你是一个毫无教养的谄媚之徒。

知识链接

赞美的艺术

赞美应及时：时间越快，影响越大。若能抓住对方做得好的一刹那去赞美他，效果是最好的。

赞美要明确：你必须清楚地说出你要赞美的点。例如，"谢谢你在我刚刚心情不好的时候那么包容我"，"你这篇报告写得很好"，"早上那件事你处理得很好，你真的很棒"。

赞美要公开：指责一个人要在私下，赞美则要选择在人前。公开赞美比私下赞美效果强上好几倍，所以，不要吝于公开赞美别人。

(三)学会倾听

倾听是理解的前提。人们总是高估自己的倾听能力。我们在谈话中常有一种冲动，总想把溜到嘴边的话讲出来。为此，我们会对别人讲的话心不在焉，甚至急不可耐地打断对方的谈话。还有人话匣子一打开就再也收不住，既不允许别人插嘴，也不在意别人是否感兴趣。事实表明，不善于倾听他人讲话的人，通常会错过很多与他人深交的机会。

倾听不是被动地接受，也不是一味地迎合，而是适时地给予适当的反馈。可以通过语言或表情告诉对方你能理解他的表述和感受，让对方感受到你的真诚和用心。

知识链接

倾听的技巧

注视说话者，保持目光接触，不要东张西望。单独听某人讲话时，身体稍稍前倾，情绪适当，神情应随着对方讲话内容的变化而有相应的变化。

不要对对方的讲话不耐烦，更不要中途打断对方，要耐心倾听，让对方把话讲下去。

如果对方说了一大通后，得不到你的回应，尽管你是在认真听，对方也会认为你心不在焉。因此，在对方谈话过程中不妨加点评语，以表示你在很认真地听，如"太好了""真的吗""你太厉害了"等。

在听话的过程中，若有不明白的地方，要及时询问，如"你刚刚说的是什么意思？""我没有听清楚，你能再说一遍吗？"这些提问也能传达出你的真诚。

不要生硬地离开对方所讲的话题，但可以通过巧妙的应答，把对方讲话的内容引向需要的方向和层次。

(四)主动交往

有的同学会想：为什么同学不主动关心"我"？某人为什么不先对"我"打招呼？某人为什么不请"我"吃饭？其实，你这样想，别人也这样想，如果大家都不主动，那么人与人之间的关系便不可能建立起来。要获得良好的、广阔的人际关系，我们必须主动出击，先去满足对方的需求。

我们要主动出击，首先，要去掉武装，向对方展露平和的心态。其次，要有实际的行动，即要主动打招呼，在普通谈话中加入对对方的关心。"借题发挥"最好，如从学习、工作谈起，再扩展到家庭、休闲，慢慢地把对方的心门打开。最后，可以为对方做些事情，例如，观察了解对方的需要，不等对方开口，你就先替他做，他不仅会感到惊喜，还会暗暗记住你的好。也可以分享你的资源，包括物质的、精神的以及人际的，如分享你的社交圈等。

心理学研究表明，人与人空间距离的接近，是促进人际吸引的重要因素，因为人与人的空间位置越接近，交往的频率就越高，越有助于相互了解和沟通情感。即使两个人的人际关系比较紧张，通过交往，也有可能逐步消除猜疑、误会。反之，即使两个人的关系很好，但如果长期不交往，彼此了解减少，其关系也可能逐渐淡薄。大学生同住在一起，接触密切，具有建立友情的良好客观条件，应充分利用这一条件，与对方保持适度的接触频率，才不至于使人际关系淡化甚至消失。切忌"有事有人，无事无人"。

(五)记住对方的名字

人们都渴望被别人尊重，而记住别人的名字，则会给人受尊重的感觉。因此，在交往中，记住别人的名字很容易让人对你产生好感。

记住对方的名字，而且很轻易就叫出来，等于给予别人一个巧妙而有效的赞美。若是忘记或写错对方的名字，你就会处于一种非常尴尬的地位。请记住：一个人的名字对他自己来说，是全部词汇中最好的词。

小故事

推销员

一位著名的推销员拜访了一个名字非常难念的顾客。他叫尼古得·玛斯帕·帕都拉斯。别人都只叫他"尼克"，这位推销员在拜访他之前，特别用心念了几遍他的名字。当这位推销员用全名称呼他"早安，尼古得·玛斯帕·帕都拉斯先生"时，他呆住了。过了几分钟，他都没有答话，最后，眼泪滚下他的双颊，他说："先生，我在这个国家 15 年了，从没有一个人会试着用我真正的名字来称呼我。"

(六)保持适当的交往距离

人类学家霍尔(Eolward Hall)把人际距离由近及远，分为亲密距离、私人距离、社会距离和公众距离。一般来说，应该是交往越深就越容易相处，人际关系也越好，可事实上并非如此。许多人都有这样的经验和体会：亲密的人际关系经常发生摩擦和矛盾。原因很简单，就是人们忽略了一个"度"的问题。

朋友之间最忌没有距离，人像刺猬一样，离得太远了会冷；离得太近了又会被刺痛；只有保持适当的距离才能让人有牵挂，有想念也有珍视。人际关系的密度并不是越高越好，要懂得运用距离效应。相距太近，每个人的利益空间就变得相对狭小，个体容易失去分寸，摩擦的机会也就增多。所以，距离有时是情感的添加剂，在日常生活中，我们要保持一定的距离，掌握好亲疏的分寸。在人际交往中，保持适当的距离就是给自己留出一个空间，也给对方留出一个空间。大家都有了自己的空间，才会和谐相处。

(七)善于宽容他人

俗话说："冤家宜解不宜结。"有时候，有人当着众人的面冒犯了你，或故意侮辱了你，你会怎么做呢？马上出言反击还是一笑置之？过激的宣泄只能使你得到一时的快意，却可能造成你人际关系中无法弥补的裂口，让矛盾加剧，破坏彼此的感情。

小故事

宽容待人

小罗从名牌大学毕业，在一家事业单位工作。他工作很出色，受到领导的器重，但他的办公室有一个老同事老王，总看他不顺眼，因为小罗的到来对他的工作造成了威胁。他们都是给单位写材料的，小罗的材料观点新颖，语言符合时代特色，而老王写的材料总是老一套。领导虽然没有正面批评老王写得不好，但是经常在大家面前表扬小罗的材料写得好。

老王总在背后说小罗的坏话，向领导打小报告，说小罗狂妄自大。对于这些，小罗都一笑置之。小罗知道老王是因为妒忌他才这样对他，错并不在自己。

有一次，一份材料中出现了一个很严重的错误，一个重要的数据写错了。领导找到部门，追究责任。这个材料是老王和小罗共同完成的，当时为了这个数据，两人争论了很久，老王仗着自己资历深，坚持自己的观点，小罗虽然提出了异议，但因经验不够丰富，最终让老王定夺。按理说责任主要由老王承担，但这时小罗主动站出来承担责任。结果两人一年的奖金都被扣发了。

自从这件事之后，老王对小罗的态度彻底改变了。他认为小罗是个很好的年轻人，并对自己以前的行为表示歉意。

知识链接

交往中容易犯的 10 个错误

美国"问他网"总结了交往中容易犯的 10 个错误，指导我们躲开沟通"雷区"。

①不做自我介绍。无论何种场合，相互认识是进一步交流的前提，遇到陌生人，主动自我介绍是避免尴尬的关键点之一。

②接电话时不回避。在公共场合，大声打电话会特别显眼甚至招人厌，最好先道歉并把音量放小声点，这是避免他人反感的不二法宝。

③夸夸其谈、自吹自擂。聊天过程中有意无意地把话题往自己身上引，往往给人以自恋、爱显摆的不好印象。

④对待服务员态度粗暴。态度是良好沟通的前提，无论他人是什么身份，粗暴的态度、自以为是的神情，只会让人觉得你这个人不可理喻。

⑤总是迟到。每个人都希望被尊重，迟到虽然能找借口蒙混过关，但会让对方觉得你不重视这段关系，次数一多，感情也会打折扣。

⑥不让座。让座给更需要的人是最基本的人性表现，如果光想着让自己舒服一点，会在不知不觉中给人留下自私、冷漠的印象。

⑦争付账单。出手大方会让人觉得你很热情，但没必要死磕。有人建议 AA 制

时，不要你争我抢，争得面红耳赤，否则下一次大家可能不敢在一起娱乐了。

⑧占用公共设施。例如，在公园占着健身器械当椅子坐、随处放东西、擦抹汗渍等，这些小动作只会让人反感。

⑨双手抱胸前。说话时双手抱胸前，会让人觉得你对他有防备、想拒绝他，让人产生不被信任的感觉。

⑩小动作太多。说话时总是敲手指、挖耳朵、玩指甲等，会让人感觉你心不在焉。

体验活动

感恩生命中的贵人

回想你过往经历中的重要人物，可以是给你积极影响的人，也可以是给你消极影响但让你振奋起来的人，学习在内心或行动中对他们表达感恩。

姓名	带给你的影响	感恩的理由

课堂演习

明明可以说是幸运的宠儿，才貌双全，骨子里的优越感无形中使她与人拉开了距离。她一直觉得自己是天之骄子，谁知在大一社团纳新的时候她落榜了，反而是自己的舍友们被选中了，这让明明自尊心很受挫。大家也为了明明的面子，不敢轻易在她面前提及社团的事情。有时候大家正在讨论社团的事情，明明突然回宿舍，大家就立刻不说话了，搞得明明一直觉得宿舍人在排挤她，在背后说她坏话。

如果你是明明，你该怎么挽回舍友的情谊呢？

如果你是明明的舍友，你又该如何呢？

推荐资源

[1]冠诚：《FBI教你破解身体语言》，北京，中国画报出版社，2012。

[2]电影：《阳光姐妹淘》《牛仔裤的夏天》《心灵捕手》。

第六章　拥抱爱情，创造幸福

学习目标 ▶

1. 了解爱情的含义。

2. 掌握大学生恋爱的特点及表现。

3. 学会把握爱的艺术，创造幸福生活。

思维导图

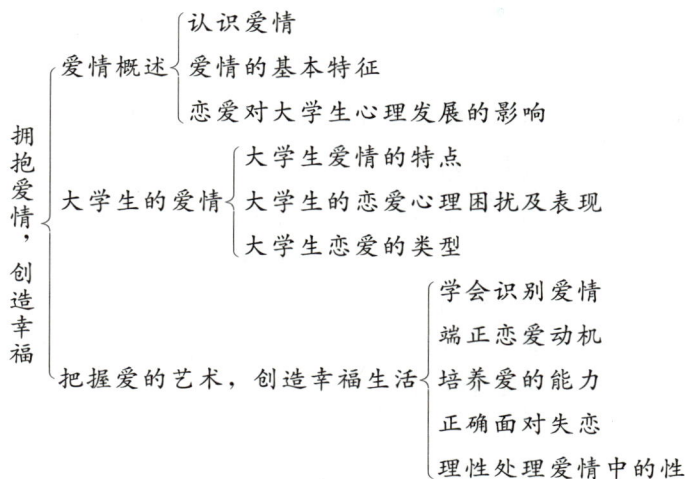

拥抱爱情，创造幸福
- 爱情概述
  - 认识爱情
  - 爱情的基本特征
  - 恋爱对大学生心理发展的影响
- 大学生的爱情
  - 大学生爱情的特点
  - 大学生的恋爱心理困扰及表现
  - 大学生恋爱的类型
- 把握爱的艺术，创造幸福生活
  - 学会识别爱情
  - 端正恋爱动机
  - 培养爱的能力
  - 正确面对失恋
  - 理性处理爱情中的性

身边的故事

上海一大学生因恋爱纠纷先泼酸再捅杀前女友被捕①

2016 年 4 月 30 日 10 时 20 分许，上海某大学图书馆四楼一名女子被捅伤。民警接警后至现场处置，经了解，该校研二学生徐某因恋爱纠纷对被害人周某行凶，用氢氟酸泼洒周某头面部、躯干、手臂等处，用尖刀戳刺其胸腹部、背部等处，造成其多脏器破裂致失血性休克死亡。根据周某病史摘录，其全身皮肤化学药物散在烧伤，右侧胸腹部约 4 刀刺伤，右臂 3 处刀刺伤，腋窝 1 处刀刺伤。周某经送医院抢救无效，于当日 16 时许死亡。

据检察机关透露，徐某系上海某大学商船学院二年级硕士研究生。徐某称，被害人周某系其前女友，同在该大学读书。2016 年 1 月，周某因结交了同班新男友洪某而向徐某提出分手，徐某特别难受。"我希望她能回心转意，但是每次我提起这件事情，她就会和我吵，于是我就威胁她要去打洪某，当时她就嘲笑说我的体格没有洪某壮，打不过他。"徐某为了争一口气，证明他有能力威胁到周某与洪某的关系，于 4 月初在一家网店买了一把木柄单刃尖刀，又在另一家网店买了 1 瓶 500 毫升的氢氟酸和 6 瓶 500 毫升酒精。遂因一时嫉妒气愤，最终造成了无法挽回的严重事件。

---

① 陈超：《上海一大学生因恋爱纠纷先泼酸再捅杀前女友被捕》，https://society.huanqiu.com/article/9CaKrnJWHvi? qq-pf-to＝pcqq.c2c，2019-11-10。引用时有改动。

校园里发生这种惨案是我们都不愿意看到的，分析案例中的情况，大致能总结出以下几点。第一，个人性格的缺失。这种人从犯罪心理角度而言，往往性格偏执，惯常固执己见，经常陷入死胡同。第二，受家庭教育或者环境背景的影响。研究证明，很多犯罪分子的犯罪动机便是从小受到家庭或者社会环境的影响，养成一种"如果我想要什么东西，那么我就要不择手段抢过来，抢不到就毁掉"的想法。第三，大学校园心理教育不到位。一般高校在学生大一的时候都会对其进行教育，包括正确的恋爱心理、性知识、恋爱的隐患等，以便他们在面对爱情的时候能保持理智，不要冲动行事。其实，大学生如果在感情上存在困惑，可以主动寻求辅导员或者心理老师的帮助，及时疏导不良情绪，以免冲动之下造成不可挽回的悲剧。

第一节　爱情概述

一、认识爱情

伴随着青春的脚步，爱情会悄悄降临到青年人的身边。随着生理的成熟，大学生开始向往与追求爱情。然而，什么是爱情，应该如何对待爱情、追求爱情，这是每个大学生所面临的重要课题。

(一)爱情的含义

爱情来临时，我们或许会忘乎所以地张扬爱情，在爱的海洋中迷航。爱情是张小娴眼中的：含笑饮毒酒，肝肠寸断，永不言悔；爱情是泰戈尔诗里的：眼睛为他下雨，心却为他打着伞；爱情是辛弃疾笔下的：众里寻他千百度，蓦然回首，那人却在，灯火阑珊处。爱情是投入(Inject)、忠诚(Loyal)、用心(Observant)、勇敢(Valiant)、喜悦(Enjoyment)、愿意(Yes)、责任(Obligation)、和谐(Unison)，把所有的大写字母连起来就是 I LOVE YOU(我爱你)。

总而言之，所谓爱情，就是一对男女基于一定的社会关系和共同的生活理想，在各自内心形成的对对方最真挚的倾慕；是两颗心相互吸引达到精神升华的产物；是人类特有的一种高尚的精神生活。

小故事

爱情麦穗

一天，柏拉图问他的老师苏格拉底：什么是爱情？苏格拉底让他到麦田里走一遍，在走的过程中不能回头重走，在途中可以摘一束最大最好的麦穗，但是只能摘一束。柏拉图觉得此事很容易办到，便充满信心地往前走，谁知过了半天他也没有回来。最后他垂头丧气地出现在老师面前，诉说空手而归的原因：难得看见一束看似不错的，又不知道眼前这一束是不是最好的，因为总想着前面可能还有更好的，所以就怀着这样的想法一直走，结果走到尽头才发现手上一束麦穗也没有。苏格拉底告诉他：这就是爱情。

（二）斯滕伯格的爱情三角形理论

美国耶鲁大学著名心理学家罗伯特·斯滕伯格（Robert Sternberg）曾对人类的爱情进行分析，提出了爱情三角形理论，认为爱情由亲密、激情、承诺三种元素组成。这三种元素被看作"爱情三角形"的三个边（见图 6-1）。

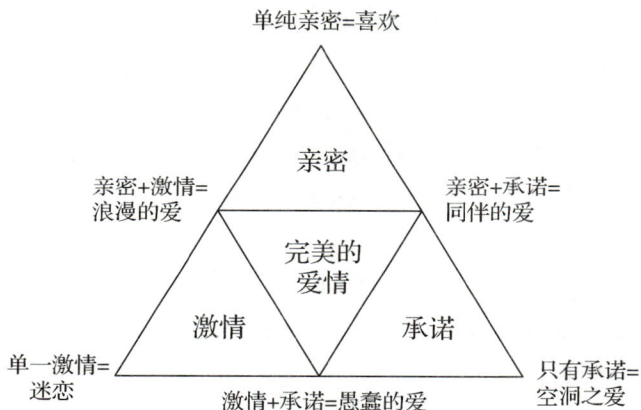

图 6-1　斯滕伯格的爱情三角形理论

1. 亲密

亲密，是两人之间感觉亲近、温馨的一种体验。亲密在爱情关系中能促进亲近、联结等体验情感。它包括如下内容。

①想提升爱人的幸福感。通过自己的付出，希望爱人体验到幸福，同时自己在付出过程中也会感受到幸福。

②喜欢与爱人相处。会用大部分时间和爱人待在一处，双方都会体验到美好。

③喜欢共事。喜欢在一起做很多哪怕很简单的小事，如吃饭、旅游、购物等，这些时刻都会令他们感受到满足。

④尊重对方，并在需要帮助时能依靠对方。哪怕是在与爱人相处时，尊重也是必不可少的，时刻要保持对爱人整体的尊重。在遇到艰难时刻需要帮助时，会第一时间想到对方，并能从对方身上获取依靠、温暖和力量。

⑤互相理解。理解对方，与对方达到一种属于两个人的默契。

⑥分享自我和自己的占有物。爱对方，就会乐意将自己的时间、精力甚至自己的东西都分享给对方。俗话说得好，"愿意花时间陪你的才是真爱"。

⑦接受对方的支持和鼓励。无论未来如何，你我永远会是彼此的依靠。

⑧给爱人提供充足的情感支持。与自己的爱人在精神上息息相通，并给予感情上的支持。

⑨善于和爱人亲切沟通。沟通是增进感情的最好方法，很多感情的表达、思想的传递，包括一些委屈和内心深处的感情，都可以通过沟通与爱人传递。

⑩时刻感受到爱人在共同生活中的重要性。正所谓"你最珍贵"，爱人应该是比所有的物质财富都更为重要的存在，当你意识到这一点时，你就知道你对爱人具有这种珍重和珍爱。

2. 激情

激情是基于浪漫、身体吸引之上的性冲动与性兴奋，是爱情中的性欲成分，是爱情的主要驱动力，也是爱情中的情绪成分。

激情是以身体的欲望激起为特征的，它的形式常常是对性的渴望，是一种"强烈地渴望跟对方结合的状态"。通俗地说，就是见了对方，会有一种怦然心动的感觉，和对方相处，有一种兴奋的体验。性的需要，是引起激情的主导形式，其他自尊、照顾、归属、支配、服从也是唤醒激情体验的源泉。

3. 承诺

承诺包括将自己投身于一份感情的决定以及维持感情的努力。爱情关系的热度来自激情，温暖来自亲密，相比之下，承诺所反映的是一个决定，它不是情感性的。承诺有两种：短期的和长期的。

①短期的承诺就是要做出一方对另一方的决定，爱或者不爱。

②长期的承诺是对内心爱对方这一信念所做出的决定，并会通过努力去维护这一决定，包括对爱情的忠诚、责任心。也就是结婚誓词里说的"我愿意"，是一种患难与共、至死不渝的承诺。

两者不一定同时具备。例如，决定爱一个人，但是不一定愿意承担责任，或者给出承诺，又或者决定一辈子只爱他/她，但不一定会说出口。

亲密、激情与承诺成为爱情里重要的三个维度指标，完美的爱情需要同时具备这三个元素。同时，基于爱情三角形理论，三个元素分别组合，可以形成七种类型的爱情。

第一种是喜欢式爱情（Liking），亲密程度高而激情和承诺非常低的时候，会产生喜爱。喜爱发生在有着真正的亲近和温暖的友情中，但不会唤起激情，也不会唤起你与之共度余生的期望。如果对一个朋友确实有了激情，或者他/她离开的时候会被强烈思念，则这种关系就已经超越了喜爱，变成了别的。

第二种是迷恋式爱情（Infatuated love），只有激情体验。会因为觉得对方魅力四射而被对方强烈吸引，这种吸引力让人产生强烈的激情冲动，但冲动过后没有想过未来，也不会想到去了解彼此。这是一种只有激情而没有亲密与承诺的爱情，是一种仅受本能牵引和导向的青涩爱情。

第三种是空洞式爱情（Empty love），只有承诺。缺乏亲密和激情，如纯粹地为了结婚的爱情。此类爱情看上去丰满，却缺少必要的内容，"金玉其外，败絮其中"。在西方文化中，这种爱见于激情燃尽的关系中，既没有温暖也没有激情。然而，在其他包办婚姻的文化中，空洞式爱情是配偶们共同生活的第一个阶段，而不是最末一个阶段。

第四种是浪漫式爱情（Romantic love），有亲密关系和激情体验，没有承诺。这种爱情认为我爱过、我经历过就够了，其他不重要，这类人大都崇尚过程，不在乎结果。

第五种是伴侣式爱情（Companionate love），有亲密关系和承诺，缺乏激情。这里指的是四平八稳的婚姻，只有权利和义务，却没有感觉。这种爱也可能体现在长久而幸福的婚姻中，虽然年轻时有激情但已渐渐消失。

第六种是愚蠢式爱情（Fatuous love）。只有激情和承诺，没有亲密关系会产生一种愚蠢的体验。这种爱会发生在旋风般的求爱中，在势不可当的激情中两个人闪电结婚，但对彼此并不是很了解或喜爱。在某种意义上，这样的人为一场迷恋做了一次"风险投资"。例如，时下很常见的"闪婚族"，两人因为激情，还未彼此了解、建立亲密关系，就很快给了对方承诺，走入婚姻殿堂，时间一长，发现对方并不是自己想象中的那样，就又会"闪离"。

第七种是完美式爱情（Consummate love），同时具备三要素——激情、承诺和亲密，缺一不可。只有在这一类型中，我们才能体验到真正的爱情是亲密，是付出与回报，是激情澎湃。

爱情的三因素会随着时间的变化而发生变化，从图 6-2 可以看出，总体上说，亲密和承诺都是随着时间的推移而逐渐增强，只有激情随时间的变化波动比较大。

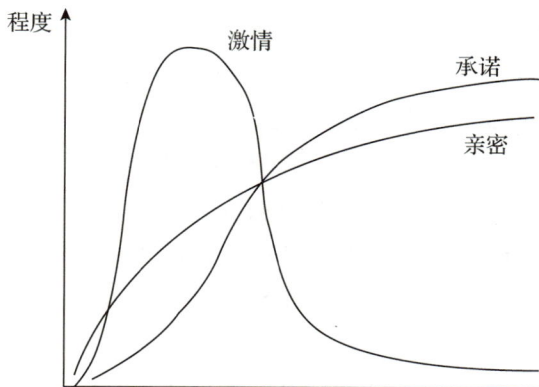

图 6-2　爱情三因素与时间的关系图

知识链接

爱情多重三角形理论

在爱情三角形理论的基础上，斯滕伯格进一步提出了爱情多重三角形理论。该理论认为在爱情关系中往往存在多个不同的三角形，这些三角形在爱情关系中都有重要的地位。

①现实中的三角形和理想中的三角形。

在爱情关系中，不仅存在一个人对另一个人的现实的爱情三角形，而且对于关系中的每一个人来说，还存在着一个自己心中理想的对象，以及对其理想对象的爱情三角形。这两个三角形不一定相同，如果现实中的三角形偏离理想中的三角形过远，那么爱情关系的发展就会遇到危机。

②自己的三角形和对方的三角形。

在爱情中，两个人的感情是一种相互作用的过程，既有"己对人"的爱情三角形，也有"人对己"的爱情三角形。如果这两个三角形匹配不够好，也会影响到双方对其爱情关系的满意度。

③自己知觉到的三角形和对方知觉到的三角形。

这是一个关于"人对己"感情的认识和体验，相对于另一个人来说，就不是自己知觉到的三角形，而变成了对方知觉到的三角形。当两个三角形不够匹配时，就会影响到爱情关系的质量和发展。

同时，大多数爱情会经历以下阶段。

第一阶段：爱之初恋，这个阶段是对伴侣的选择。这是一种动物本能，在产生择偶观念后，人开始通过找配偶来繁衍后代或永久相伴。选择伴侣的对象包括朋友、同事或者陌生人，其实这时的选择是一种潜在意识，你会把你选择的伴侣与你想象中的配偶进行对比，更多地从外貌和气质上进行选择，如果哪一个符合或接近你的标准，你就会关注他/她，这就是爱之初恋。

第二阶段：爱之迷恋。当你在气质和外貌上选择潜在伴侣后，会开始关注他/她，希望得到对方的好感，同时试探对方是否也同样对自己有好感，这是一种原始的冲动。如果对方没有关注到你，你会试着展示自己，让对方发现自己，如果对方对你也同样关注，这时就会出现爱之迷恋，在这个阶段有一种互相展示的原始动力。

第三阶段：爱之热恋。热恋阶段双方看到的都是彼此的优点，对所有与恋爱有关的事物都有一种美好的向往。这一阶段，爱情的化合反应达到白热化，恋爱双方对爱情的表达更多通过肢体语言如拥抱、拉手、接吻等展现。这一阶段两个人希望时时刻刻都在一起。

第四阶段：爱之依恋。双方习惯了对方的陪护和存在，离开一阵子都会觉得不顺心或者有一种不安心的感觉。这一阶段相对热恋少了些狂热化表现，更多的是心灵上的依赖。

第五阶段：爱之独恋。双方相互释然，放逐对方的理想，让对方展现本色，为对方而活，亦活出自我。

（三）爱情与喜欢的区别

在实际生活中，与爱情最容易混淆的一种人际吸引形式是喜欢。爱情与喜欢是两种不同的情感，并不是很多人所说的"爱是深深的喜欢，喜欢是一点点的爱"那么简单。

爱情和喜欢的区别主要表现在三个方面。

第一个方面：依恋。爱情中的双方总是会对对方有强烈的依赖和依恋的感觉，在遇到问题时总是会第一时间想找对方倾诉；而对于喜欢的对象，遇到问题时对方并不一定是首选，或者并不一定是唯一选择，他们可能还会选择朋友或者其他人倾诉。

第二个方面：利他。爱情中的双方都希望自己能给对方带来快乐和幸福，会高度关怀对方的情感状态，觉得让对方快乐和幸福是自己义不容辞的责任。无论是付出精神上的还是物质上的，他们都不会吝啬，反而会因为对方的开心幸福而体验到同样的感受；而对于喜欢的对象，他们更多时候比较关注自身的情绪，会考虑成本，计较得失，会思考付出与回报值不值得。

第三个方面：亲密。爱情中的双方总是想保持彼此 24 小时在一起的状态，甚至会产生刚刚分开就开始想念的感觉，一见面就会想要有身体的碰触如拉手、拥抱等；而对于喜欢的对象，这种感觉不甚强烈，甚至就算产生短暂的想念也会被其他情感或事件替代，例如，打游戏或者和朋友吃饭就会暂时忘却对方。

二、爱情的基本特征

爱情作为一种社会现象，作为人与人之间特定的社会关系，和其他人与人之间的关系有着许多不同的地方，形成独有的基本特征。

（一）爱情具有对等性

首先，尊重对方自愿选择的权利，双方都有爱和被爱的权利，都有对爱选择的权利，一方强制、勉强凑合都不是爱情。其次，单相思不是爱情。这种缺少被爱的"爱"，不能算爱情。最后，尊重对方人格。双方在人格上是平等的，没有高低之分，不能形成谁依附谁、谁占有谁的心理局面。

（二）爱情具有排他性

爱情是一男一女之间的爱慕关系，不容第三者介入。爱情是一种特殊的相互拥有的感情，我们应该正确理解爱情的排他性。首先，爱情的排他、专一和封建礼教的"从一而终"是截然不同的。前者是道德观念，对男女双方都有约束力；而后者是封建社会不平等的礼教观念，是对妇女而言的，是不合理也不合法的。其次，爱情转移和排他性不能画等号，二者是有区别的，这分两个阶段：婚前，即恋爱时，感情转移了，提出终止恋爱关系，是允许的；结了婚，就不能再轻易对他人产生爱情，爱情的排他性要求不能有"婚外恋"。最后，爱情的排他性并不排斥爱人与其他异性的正常交往。爱情与友谊是不同的，友谊可以是广泛的，相交的朋友可以是多个。有些人限制爱人与朋友往来，把爱人当作私有财产，无端猜忌和怀疑，这与真正的爱情是背道而驰的。

(三)爱情具有持久性

"执子之手，与子偕老"是中国人对爱情的美好向往，这其中就明确体现了爱情的特征，即它是具有持久性的，相爱的双方共同经受人生道路的种种磨难与考验，相知相守，白头偕老。持久性包含三个因素：首先，男女双方互相信赖。爱情产生于忠诚坦白、互相信任，并贯穿始终。顺境时互相尊重、互相帮助，逆境时互相关心、互相支持，这是双方感情发展的牢固基石，体现了真正爱情的信任感。其次，保持爱情的纯洁性。它反映在爱情权利与义务的统一上，存在于婚前的恋爱与婚后的夫妻生活和家庭责任中。有爱情就有义务，也有责任。我们享受了彼此带来的幸福和快乐，就要承担起对彼此忠诚和长久的责任。任何对爱的亵渎都损伤了爱的纯洁性，这种爱情是难以持久下去的。

知识链接

友情与爱情的区别

关于友情与爱情的区别，日本一位心理学家提出了5个指标，可供参考。

第一，支柱不同。友情的支柱是"理解"，爱情的支柱则是"感情"。

友情最重要的支柱是彼此的相互了解，不仅是对方的优点，也包括缺点。只有这样，才能产生友情。爱情则不然，它是对对方的美化，贯穿其间的是爱慕。

第二，地位不同。友情的地位"平等"，爱情却要"一体化"。

朋友之间立场相同，地位平等，彼此之间无须多余的客气，也没有烦恼和担忧。如果遇到对朋友不利的情形，可以直率地提出忠告，甚至动怒也要义正词严地规劝。朋友之间就是这样，有人格的共鸣，亦有剧烈的冲突。爱情则不然，它具有一体感，身体虽二，心却为一，两者不是互相碰击，而是互相融合。

第三，体系不同。友情是"开放的"，爱情则是"关闭的"。

两个人有坚固的友情，当人生观与志趣相同的第三者、第四者想加入的话，大家都会欢迎。爱情则不然，两人在恋爱，如果第三者从旁加入，便会导致爱情受损。

第四，基础不同。友情的基础是"信赖"，爱情则是纠缠着"不安"。

一份真诚的友情具有绝对的信赖感，犹如不会动摇的磐石。相反，一对相爱的男女，虽信赖对方，但老是被种种不安包围，例如，"我深深地爱着她，她是否也深深地爱着我？""他的态度稍微变了，是不是还和以前一样爱着我？"

第五，心境不同。友情充满"满足感"，爱情则充满"欠缺感"。

当两个人是亲密的好朋友时，彼此都有满足的心境。但当两个人成为恋人时，虽然初期会有一时的满足感，可不久之后，就会产生不满足感，总希望有更强烈的爱情保证，经常有一种"莫名的欠缺"尾随着，有某种着急的感觉。

一般地说，每个人在交往中，只要不欺骗自己，不是在演戏，能好好地反省自己内心的情感动向，依据上述 5 个指标，仔细地观察、反省并做综合分析，对友情与爱情是可以正确辨别的。

三、恋爱对大学生心理发展的影响

恋爱是一把双刃剑，一方面，它帮助青年心理发展走向成熟；另一方面，它又带来各种心理困扰，如果处理不好就会产生消极影响。

(一)对大学生心理发展的积极影响

恋爱是青春晚期和成年早期最重要的事件，只有经历过恋爱，人才会真正成熟起来。首先，恋爱是青年释放日益强烈的性冲动的重要途径。通过恋爱接触异性，完善性意识并建立性的同一性，使青年不再感受到性的压抑。其次，恋爱是两个人人格的深层接触，青年的自我概念受到对方的影响而发展，真正懂得了如何在保持自身独立性的前提下，调整自身缺陷以适应对方。最后，恋爱中双方的深层交往能够提高青年的交际能力。恋爱可以促进大学生心理的成熟和健全。

(二)对大学生心理发展的消极影响

恋爱有积极一面，但是如果对恋爱中出现的问题处理不好，也会危害青年的心理健康。首先，热恋是在心理紧张量表上分值很高的事件。恋爱使人时而高兴时而痛苦。处在热恋中的青年会为一些小事而高兴或烦恼，并可能导致心理失调。其次，恋爱遭受挫折时，会对当事人的心理产生严重打击。

对点案例

小安谈恋爱了。小安原本是个心思细腻的学霸型人物，平时没事就去图书馆看书学习，后来被校园乐队的一位鼓手吸引了。那位鼓手性情洒脱，放荡不羁，每天都和一堆朋友吃喝玩乐，这和小安原本的生活太不一样了。小安瞬间就被鼓手迷住了，鼓手也喜欢小安的温柔，两人很快就坠入爱河。在谈恋爱之初，两个人浓情蜜意，沉浸在热恋期，感受到的都是美好，可是慢慢地，小安却发觉两人步调很不一致。小安每次想学习看书的时候，就会被男友拖着去和朋友玩乐。小安觉得每天这样很浪费精力，而男友却不愿改变，觉得这才是享受人生，两个人为此开始争执，小吵不断。久而久之，两个人感情渐渐变淡了，小安觉得很痛苦，原本能在自习室看好多书的一天，现在变成了在自习室发呆，想心事。

第二节　大学生的爱情

一、大学生爱情的特点

(一)态度轻率化

部分大学生只强调恋爱时的感觉，感觉合适就在一起，不合适就分开，他们把大学恋爱描述为"体验幸福"和"充实大学生活"。这类大学生大部分是为了摆脱精神空虚，消磨时间，故而容易见异思迁，频繁更换恋爱对象。

(二)观念开放化

观念开放化一方面表现为性观念开放。在大学校园里，部分学生由于受西方婚恋观及影视作品的影响，传统道德意识逐渐淡化，对婚前性行为持开放、理解和宽容的态度，还有些学生有过婚前性行为，这些学生认为"只要是真心相爱，就无须指责"。另一方面表现为不太看重感情的持久性，只注重恋爱过程的甜蜜和享受，抱着"今朝有酒今朝醉"的开放态度，不考虑以后，也不规划未来。

(三)行为公开化

随着观念的变化，现在大学生谈恋爱已经不再是"犹抱琵琶半遮面"了，行为上不再遮遮掩掩。在教室里、宿舍楼下、草坪、操场等各种公开场合，一些大学生旁若无人地做出一些过分亲昵的举动，学生们形象地称这种行为是"秀恩爱"。

(四)关系脆弱化

有人将现在大学生的恋爱称为"快餐式爱情"，来得快去得也快。大学生恋爱关系脆弱化的原因是：首先，大学生恋爱理想色彩浓厚，一旦发现自己的恋情与理想中的不符合，就会对爱情产生怀疑，甚至拒绝与理想有差距的恋爱。其次，大学生自主性强，约束性差，习惯从自己的角度出发看待问题，强调个人感受，不能在感情里做出合理的妥协，这会带来各种争吵、矛盾，破坏恋爱关系。最后，大学生情感性强，理智性弱，容易感情用事，不能理智地处理爱情中的矛盾，动辄以终止恋爱关系来逃避问题。

二、大学生的恋爱心理困扰及表现

(一)恋爱动机问题

1. 恋爱动机不正确

饮食男女，人之大欲存焉。据《2016 年大学生恋爱白皮书》显示，78％的受访女大学生和 70% 的受访男大学生表示想谈恋爱，至于谈恋爱的原因，"课业压力小，空闲时间多，无聊"排在首位，占 40%；其次便是"想要在校园体验一份纯粹的爱情"，占 35%；"跟风谈恋爱"，占 20%；"希望遇到和自己共度一生的人，避免日后为了结婚而结婚"的仅占 5%。[1]

2. 恋爱动机不纯

部分大学生恋爱看重的是这份爱情带给自己的附加价值。例如，有的大学生认为谈恋爱就是去吃麦当劳、肯德基，就是去高档电影院看电影，去购物，去酒吧、KTV 潇洒。"谈恋爱，追女孩，我的理解就是拿钱砸。"一个男生如是说。有的大学生恋爱只看重对方的外貌，觉得身边站个特别帅气的／靓丽的男／女朋友，自己就面子十足，带出去可以亮瞎大家的眼，或者引来大家的艳羡，这纯粹是虚荣心在作怪。

3. 恋爱动机不足

有的大学生错误地把恋爱当成大学阶段的必修课，认为"不在大学恋爱，就在大学变态"，所以为了不让自己的大学生活留下"遗憾"，在自己还没有强烈的恋爱愿望时，一旦出现追求者，就匆匆坠入爱河；也有大学生自身并没有强烈的恋爱需要，但看到身边的同学纷纷坠入爱河，出双入对的情侣越加凸显出自己的形单影只，好像自己再不恋爱就是有问题，所以在这种环境压力下开始恋爱。这两种情形都是恋爱动机不足的表现。

（二）恋爱方式问题

恋爱是复杂的高级心理活动，由于一些大学生缺乏正确的恋爱观，在恋爱过程中产生许多心理困扰，如单恋、多角恋、忘情恋等。这些心理困扰的出现，影响着大学生的学习和生活。

1. 单恋

现实生活中经常出现这样一种恋爱现象，一方倾心于另一方，另一方不知道或者知道而不理睬。这种单方面的爱恋，心理学上称为"单恋"，即人们常说的"单相思"。"落花有意，流水无情"是对单相思最形象的描述。

大学生正值春心萌动的年龄，初涉爱河，对爱情有着美好的憧憬和向往，很容易激发对某人的强烈眷恋而害上"相思病"。单恋最大的心理误区就是把所暗恋的对象过分地美化，认定他／她就是自己心目中的"白马王子"／"命定情人"。

（1）大学生的单恋类型

一是自作多情型。误认为对方爱上了自己或明知对方对自己没有爱意仍深深地爱着对方。更有甚者，为了表现自己的执着追求，死缠烂打，给他人也带来很多烦恼。

---

[1]　孙庆玲：《新大学爱情：且练且珍惜》，http：//edu. people. com. cn/n1/2017/0807/c1053-29453579. html，2019-11-10。

对点案例

　　小美和小华在一次学生会换届选举中相识。小华是小美的学长，也是学生会的主席，在无意的聊天中发现，原来两人不仅是同乡，而且还是同一所高中毕业的校友。一来二去，两人开始熟络起来，平日里经常约着一起吃饭、逛街、看电影，放假了还一起相约回家，开学了一起返校，两人的感情与日俱增。时间一长，小美决定向学长坦白心意，她发了长长的信息给学长，表达自己的爱慕之情，并表达想让两人的感情好上加好，但是小华的回答出乎她的意料。小华说："你误会了我的意思，我觉得一个女孩独自来到异乡求学，举目无亲，需要别人照顾，所以我一直关心你，陪你一起，这些都是出于友情，最多就是对妹妹的关照，并没有你想的暧昧。"为此，小华还向小美表达了歉意。小美对此感到很羞愤，她觉得小华欺骗了自己，可是细想来，小华对她确实始终没有超过友谊的界限，至多不过是一个兄长对待小妹妹的情谊。小美后悔在相处过程中没有及时表达自己的想法。

　　二是藕断丝连型。分手后，还深深地眷恋着旧情人。这种类型的单恋者承受着失恋和单恋的双重心理困扰，精神压力很大。

对点案例

　　一位女生自述：我男朋友跟我分手了，我觉得我没有任何地方做错，我不知道他为什么要跟我分手，我不想和他分手，我很爱他。自从他对我说分手后，我每天都去他班里找他，一开始他还见我，和我说说安慰的话，我觉得我们还有可能。可是后来，我再去找他，他就不见我了，再后来他直接"失联"了，找不到人，打电话也没人接，发信息也没人回，直到两周前他发信息给我说，他已经有新的对象了，让我不要再纠缠他。我太痛苦了，没有他我真的觉得活不下去，我现在整晚失眠，每天都想他，每天都在幻想我们还有复合的可能。

　　三是羞于表达型。自己深爱着对方，却不知道对方是否有意，又羞于向对方表白而苦苦地思念着。

对点案例

　　小党喜欢同校的一位男生，她是在校园迎新晚会上遇见的他，当时小党觉得这个男生安静又温柔，帅气又谦和，瞬间就抓住了小党的心。自此之后小党经常悄悄跟着这个男生。他去图书馆，小党也跟着去，默默坐在男生后面，一直看着男生的背影，吃饭也一直跟着去食堂，远远地坐着，眼神却一直停留在男生身上。这一看就是大学四年，直到快毕业，小党也没有勇气向男生表达自己的心意。

单恋使有些学生陷入痛苦的境地，常常使自己处于空虚、烦恼甚至绝望之中。如果处理不好，就会对以后的恋爱婚姻生活有消极影响。因此，陷入单恋的大学生要及早止步，另做选择。首先，要正确理解爱情的深刻含义，冷静分析和辨别自己的"爱"是不是真正的爱情；其次，要用理智驾驭情感，尊重对方的选择，不可感情用事；最后，提高交际能力，转移注意力，提高自信心。

（2）单恋的心理调适方法

第一，冷静地面对自己的感情。当你发现自己单恋某人时，请先冷静下来，认真观察对方对自己的态度，准确地观察对方的言行，客观分析两人走到一起的可能性。如果两人能够走到一起，就勇敢表达；如果两人不可能走到一起，就放弃此想法，以免越陷越深，不能自拔。

第二，勇敢地表白。当出现单恋时，不能犹豫不决、顾虑重重，要鼓足勇气，勇敢地表白，向对方表达你的意愿。如果对方接受你的感情，那么爱的欢乐就会来临；如果对方不接受你的感情，就斩断情丝，把单恋变为友情。如果不及时表白，长期陷于单恋之中，会给自己带来很大的痛苦，也会留下遗憾。

第三，转移注意力。当对方拒绝你的感情时，可以多留意一下身边的其他人，寻找新的情感增长点。多和朋友沟通，广泛与同学建立友谊，多参加一些有意义的活动，如打球、唱歌等，以此来愉悦心情，减少失落感。通过感情的转移和升华获得心理平衡，开始新的生活和学习。

2. 多角恋

所谓多角恋，是指一个人同时被两个或两个以上的异性所追求，或自己同时追求两个或两个以上异性并建立了爱情关系。由于它违背了爱情的专一性、排他性原则，因此它是爱情纠纷的主要原因之一。

（1）多角恋的原因

第一，择偶标准不明确。个体由于个性不成熟，生活经验不足，择偶前没有一个较为明确的标准，所以容易和多个异性同时保持暧昧关系，抱着"广撒网，重点培养"的恋爱模式。

第二，择偶动机不良。有的人一开始和异性交往就出现了动机冲突，一会儿认为张三英俊潇洒，一会儿又觉得李四深沉稳重；今天认为王某开朗可爱，明天又觉得赵某妩媚艳丽，各人的优点都想兼得。为了满足不同层面的心理需求，只好在不同角色里周旋，有的甚至发展到玩弄异性的程度。

第三，虚荣心强。一些被追求者总以为追求者越多，魅力就越大；一些追求者认为退出竞争就是承认失败，承认自己比别人差；有极少数学生为了显示自己的魅力，同时和几位异性交往、周旋。这是导致恋爱上自私自利、对别人和自己的感情不负责任的多角恋的主要原因。

（2）多角恋的心理调适方法

第一，用理智战胜感情。当发现自己的恋人"脚踏两只船"时，不可冲动，要保持冷静。要用理智分析眼下的情况，无论怎样，都不可用武力。武力并不能解决问题，反而可能酿成不良的后果。

第二，重新审视恋爱关系。当自己的恋人对他人产生了爱慕，尽管自己很痛苦，但一定要进行理性分析：是自己的问题，还是对方经不住爱情的考验，或者是对方认为第三者比自己更优秀。再通过与自己所爱的人坦诚交谈，做出选择。千万不能感情冲动，不顾双方感情的实际，为了挽回所谓的"面子"而做出蠢事来，那将会给自己带来更大的感情困扰。

第三，学会放弃。如果发现自己误入别人的圈子，或者发现与恋人的关系不可能发展下去，就应该学会放弃，积极地退出来。这种做法看似消极，实际上却是解决多角恋问题的一种积极策略。因为在多角恋关系中，人的感情往往是说不清道不明的，如果在上面耗费时间和精力，是没有多大价值的，而且一旦陷入感情的纠葛中，就可能给自己带来更大的伤害。"急流勇退"是摆脱多角恋感情纠葛的最明智选择。

对点案例

小刚来到大学后，被大学宽松的氛围深深吸引，身边全都是新奇，很快他就和社团里认识的一位女生互生情愫，迅速坠入爱河，两人在校园里成了浓情蜜意的一对情侣。大一第一学期寒假，在放假期间因为女友和自己不是一个地方的，所以只能通过电话表达思念。有次同学聚会，小刚通过自己的同学认识了一位美丽豪爽的姑娘，小刚一瞬间就被这个姑娘的性格吸引，开始每天和这个姑娘联系，两人没事就约着一起逛街、吃饭。姑娘也慢慢喜欢上了小刚，想和小刚确定关系，而小刚并没有告诉她自己有女友，就答应了这位姑娘的表白。小刚整日周旋于两个女友之间，他感觉既内疚又心虚。

3. 忘情恋

有的学生爱情至上，将爱情视为人生的全部，有了爱情就放弃一切，将学业抛在脑后，也不再顾及友情，成天陷在两个人的世界里，你侬我侬，甚至为了爱情做出各种牺牲和妥协，丧失自我。这种孤注一掷的做法容易成为爱情的捆绳，一旦感情出现分歧或裂痕，就很难接受。

知识链接

恋爱前应慎重考虑的几个问题

①你在心理上能完全离开父母而独立吗？

②你是否善于控制自己的欲望？

③你的父母对你的恋爱有什么看法？

④你了解他/她的父母和家庭吗？他们会接受你吗？

⑤你学会对别人忠诚了吗？

⑥对恋人，你能给予他/她什么呢？

⑦你们是否有维持长久爱情关系的精神和物质基础？

⑧遇到了比恋人更好的人怎么办？

⑨你考虑过恋爱除了快乐之外还有忧愁、灾难和不幸吗？

⑩一旦恋爱遭受挫折，你能做到不给对方或自己造成伤害吗？

（三）失恋

大学生的恋爱是缺乏现实基础的浪漫，往往无法抵消实际存在的种种问题。在热恋的激情过后，大脑过滤瑕疵的程度起了变化，原本细枝末节的问题会凸显出来，甚至被放大。性格不合、家人不赞同、有了更心仪的对象、对学业和对未来的追求不同、毕业后不同的工作地点等种种问题都会是分手的理由。曾经的海誓山盟碰上现实的铜墙铁壁，往往变得不堪一击。大学生失恋后通常会产生以下问题。

1. 相思难耐

"不见去年人，泪湿春袖衫。"失恋者对抛弃自己的人一往情深，对爱情生活充满了美好的回忆和幻想，从而陷入单恋的泥潭。也有人会出现特殊的矛盾感情——既爱又恨，不能自拔。这类人首先从心理上拒绝、否认，继而更加思念对方，认为失去的是最好的，陷入单恋之中难以自拔。

对点案例

一位学生写道："每条街道、每一个场景都装满了甜蜜而沉痛的回忆，我被压得喘不过气来，越压抑它，思念越疯长。我真的不知道如何去控制这种疯狂的思念。理智告诉我必须释怀、放下，可我总是会被残余的回忆弄得遍体鳞伤。我不知道自己为什么这么没出息，总会情不自禁地想他、念他，每次在回忆的长河里只会让我变得更加软弱。"

2. 委曲求全

一位女学生失恋后如是说："如果我改掉我的那些坏毛病，学习那个女孩的优点，你会不会留下来？"这种想法就是委曲求全。为了挽回失去的感情，苦苦哀求，委屈自己，迎合对方，企图通过自己的退让和妥协来保住这段感情。

对点案例

文静是一个漂亮的姑娘，被很多男生追捧，男友也是校园里的风云人物，帅气又多金，是很多小女生的暗恋对象，为此，文静觉得很自豪。可是慢慢地，文静发现，自己的男友大男子主义特别严重，会要求文静给他洗衣服、帮他买饭等。当男友在玩游戏的时候，文静如果打扰了他，他就会对文静大吼大叫，甚至大打出手。文静每次都觉得很委屈，每当鼓起勇气想和男友说分手的时候，男友都会适时地给文静买她喜欢的礼物，并且带她去吃一顿浪漫的烛光晚餐，文静马上就心软了。可是没好几天，男友又会像之前一样对待文静，文静感觉自己太委屈了，一点自尊都没有。一直以来自己都像公主一样，可是现在呢，她连自己是谁都不知道。

3. 自暴自弃

"从此无心爱良夜，任他明月下西楼"，"尘缘既了，不如青灯古佛，了此残生"，这都是失恋者心灰意冷的写照。由于失恋，有些大学生容易走向怯懦封闭，甚至绝望、轻生，成为爱情的殉葬品。

对点案例

某位同学自述：他是我的学长，平日里对我很是照顾和体贴，待我也非常温柔，我很快就被学长的柔情打败，和他确定了恋爱关系。我们一直感情很好，起码我自己觉得是这样。我当时觉得自己很幸福，很开心。可是慢慢地，我发现他开始忽视我，有时候一天也不联系我。我给他发信息，他很久都不会回复我，有时候打电话也不接，再后来，他直接"玩消失"，我找不到他了。他的朋友告诉我他早就想跟我分手了，这是在故意躲着我。我当时好痛苦，心灰意冷，想死的心都有，彻夜不眠，用酒精麻痹自己，什么都不想干，整日以泪洗面。

4. 攻击报复

极个别人失恋后揭露对方隐私，无端造谣中伤，甚至失去理智，陷害、谋杀；更有甚者转向攻击别人，寻找"替罪羊"来平衡自己心中的怒火。

对点案例

一位女生自述：我和男友谈恋爱快三年了，最近因为他变心了，有了新的对象，我们就分手了。我们在谈恋爱期间一直有一个公共银行存款账户，我们每个月会定期一起往里面存钱。起初我们的想法是作为以后的旅游资金，没想到如今分手了，我就把银行卡里的钱分了一半退还给了他。可谁曾想，他却要银行卡里全部的钱，说那都是他存的，不仅如此，他还要我多给他钱，说是作为他陪了我这么多年的青春损失费。我当时就觉得这真是个"渣男"，没有理会，没想到他开始大肆宣传，说我拿他的钱，欺骗他的感情，搞得人尽皆知。现在身边的朋友、同学都对我态度改观，觉得我为人有问题。

（四）性的困扰

青少年可能会有强烈的性冲动，这本身是很正常的生理现象。但如果对自己的欲望和冲动不加控制，就可能带来严重的后果。大学生在性方面应注意以下几点。

1. 错误的性观念

（1）性行为是长大成熟的标志

事实上，如果我们真的长大了，可以成熟地思考问题，就不会用自己的身体和前途冒险。不要用是否有过性行为作为衡量自己是否成熟的标志，如果在不该发生性行为的时候发生性行为，恰好证明你还不够成熟。

（2）性行为可以稳固爱情关系

维系爱情关系的因素有很多，如相互理解、尊重、关爱、包容、共同的志趣、目标、价值观等。虽然按照斯滕伯格的爱情三角形理论，激情是爱情的要素之一，但是激情的表现形式也有很多，性一般仅仅是个体身体欲望的表达。相反，如果爱情已经到了要靠性行为去维系的地步，说明这份感情已经名存实亡。

（3）只要相爱，就可以有性关系

爱情是性的前提，但有爱情不一定要发生性关系。爱情不是游戏，是对终身伴侣的追寻过程，只有当两个人都能独立地承担起自己的人生责任时，才会有真正成熟的爱情，才可以有更深层次的关系，否则只会带来伤害。

2. 未婚先孕——生命难以承受之重

在我国，在校大学生未婚先孕将会面临很严重的后果。如果生下小孩，则学业很难完成，不仅提前担负起养育孩子的责任，还要承受未婚生育的巨大社会舆论压力。如果选择做人工流产，在手术过程中，很容易造成性器官损伤，引起盆腔炎等感染性疾病，甚至造成终生不孕不育。很多不孕或先兆流产等往往与之前的流产史有关。同时，由于学生是瞒着老师和家长去做人工流产的，必然独自承受着很大的心理压力，加之学业负担重，术后得不到充分的休息和营养保障，将会落下很多病症，带来难以愈合的生理和心理创伤。过早发生性行为导致的怀孕及流产，不仅会给男女双方当事人造成很大的伤害，还会给未来的婚姻生活蒙上阴影。万一发生不洁性行为，感染上艾滋病或其他性病，则当事人的一生都会因此而完全改变。

以性关系为纽带的爱情是极不稳固的，婚前性行为对女性的负面影响远远超过男性。因此，为了一生的幸福，大学生在恋爱中一定要控制自己的性冲动，避免因过早发生不该有的性行为而后悔终生。

三、大学生恋爱的类型

大学生恋爱是一个很普遍的现象，因为他们年龄相近，大多住校，时间宽裕，所以产生感情是很自然的事。但是这种感情与社会上的一些恋爱不同，它是在特定的时间、特定的阶段，彼此在一个空间共同学习和生活产生的，是一种单纯的情感，大多不带有功利色彩，加之大学生的恋爱观不一样，所以他们的恋爱类型也是多种多样的。

(一)比翼双飞型

这类学生基本具备成熟的人格，双方能够以理性引导爱情，有正确的恋爱观，能正确处理恋爱与学习、友情与爱情、情爱与性爱的关系。他们认为恋爱应促进双方的成长和进步。

(二)时尚攀比型

这种恋爱带有很大的随意性，其目的性不强，对恋爱缺乏认真的态度，对恋爱对象也未经慎重的思考，只是看到自己周围的许多同学都恋爱了，男生为了不使自己显得无能，女生为了证明自己的魅力，便匆匆谈起了"恋爱"。

(三)现实考虑型

即将毕业的时期是这类恋爱出现的高峰时期，即使彼此间的爱慕与向往并不强烈。出现这种恋爱的大学生大多有确定的生活目标，开始考虑毕业的前景和未来的方向、家庭条件和对方的发展前途。这种爱情是理智的，同时又是现实的，确定恋爱关系引起的争议也比较少。

(四)理想浪漫型

这类学生情感丰富，浪漫的爱情对他们有强烈的吸引力。他们对爱情的缠绵悱恻有较深的体验并乐在其中，时时沉浸在二人世界里，忘却了集体，甚至忘却了学业，这类学生大多是爱情至上者。

(五)填补空虚型

这类学生在精神上不充实，同性朋友较少，或人际关系不佳，生活太乏味，常有孤单、烦闷、无聊的感觉，为了弥补精神上的空虚，急欲与异性交往，恋爱也就成了一种应景性的精神需求。

(六)功利世俗型

这类恋爱看重的是对方的门第、家产、地位、名誉、职业、社交能力等条件，情感成分所占比例较小。

第三节 把握爱的艺术，创造幸福生活

一、学会识别爱情

在爱情当中人们常常以为是因为爱才和对方走在一起，其实可能掺杂了许多其他心理因素与物质因素。也许是为了虚荣，或为了满足征服的欲望；也许有现实的利益，或仅仅因为性。识别自己内心世界的情感，其实也需要勇气。有鉴别爱的能力的人，是自信也尊重别人的人；有鉴别爱的能力的人，会自然地与别人交往，主动扩展交往的范围，珍惜友谊，会尽量多体验他人的感受。

（一）好感不是爱情

如果把爱的历程描绘为"好感、爱慕、相爱"三部曲的话，好感只是爱情的前奏，但它并不一定发展为爱情。

（二）感情冲动不是爱情

感情冲动常常是暂时性的，一时的感情冲动可以产生于任何一对男女之间，它是两性吸引的结果。感情冲动，往往使人头脑发昏、忘乎所以，甚至做出日后后悔的愚蠢举动。真正的爱情应是一种炽热又深沉、强烈又持久的感情，它随着时间的推移而生根、开花、结果。

二、端正恋爱动机

恋爱是寻找未来志同道合、白头偕老的终身伴侣，而不是为了安慰解闷、寻找刺激，更不是单纯为了性的满足。恋爱对象的选择是一个复杂的过程，不能忽视经济、政治、文化、个性等因素，但是共同的理想、共同的品德和情操认同是最根本的。恋爱动机的好坏，直接关系到恋爱的成功与否。大学生作为新时代的栋梁，其恋爱观应该是理想、道德、事业和性爱的有机结合。

爱情是现实生活和文艺作品的永恒主题，自古以来就为人类所追求，对处于特殊年龄阶段的大学生来讲，更是具有无穷的魅力，有人甚至将其称为生活中的"诗歌和太阳"。然而需要注意的是，爱情的种子只有播种在适当的季节，才能结出幸福的果实。在校大学生涉足爱河可以理解，但是不能提倡，每一个学生对此必须三思而后行。

大学期间其实不是谈恋爱的最佳时期。一是心理不成熟，责任承担不起；二是竞争时代，时间浪费不起；三是没有经济收入，金钱花不起；四是终身大事，感情赔不起。如果不分时机地随意播撒激情的种子，那么只能结出酸涩的果实。

当然，爱情也是每一个大学生人生道路上不可避免的重要课题，这就需要摆正爱情在心目中的位置，要树立正确的恋爱观，正确处理恋爱问题。总之，大学阶段是追求学业的黄金时期，也是一个事业成功的关键时期，却不是解决终身大事的最佳时期。面对情感的冲动和相恋相爱的渴望，应该善于用理智把握感情的风帆，正确处理爱情与学习的关系，树立正确的恋爱观，努力培养自己爱的能力。只有这样，才能把自己的爱情之舟最终驶向成功和幸福的彼岸。

三、培养爱的能力

(一)爱的能力

爱的能力是指和恋人建立亲密关系的能力。爱的能力会引导一个人真正地认识爱、理解爱、把握爱、发展爱。拥有爱的能力的人，才会真正体验到恋爱给人带来的快乐和幸福。恋爱的过程也是培养爱的能力的过程。

(二)培养爱的能力的内容

1. 表达爱的能力

当你爱上一个人时，能否用恰当的方式和语言向对方表达出来是很重要的。第一，表达爱需要勇气，需要信心，更需要技巧；第二，表达爱要选用恰当的方式和语言；第三，表达爱是在表明爱一个人也是幸福，即使可能得不到回报；第四，表达爱也意味着要承担责任。在表达爱时，应遵守以下原则：①爱的表达必须在双方有"心力交融"的基础上进行；②说出"我爱你"应该符合双方的性格和心理特征及其他各种具体情况；③不能用固定模式去套，表达爱有各种方式，最好根据情境创造性地发挥。

2. 接受爱的能力

当别人抛过来爱的绣球时，并不是所有人都有勇气接受。有的学生会因为对自己过低的评价，觉得自己不配；有的学生认为自己不值得爱而不敢接受爱情；当然还有的学生可能怕自己受到伤害而不敢去拥有爱情。说到此，我们发现其实人最需要的是看清自己，能否有勇气接受爱情，很重要的一点是对自己的评价是否比较积极，以及拥有不管爱情成功与否都能坦然接受的自信。

3. 拒绝爱的能力

首先，要表示对他人的尊重，要感谢对方对自己的感情。其次，要态度明朗，表达清楚，即讲清和对方只能是什么样的关系，同学还是一般朋友，或什么都不是。最后，行动与语言要一致。可能有些人怕对方受伤害，虽然语言上拒绝了对方，但行动上还是与对方有较亲密的接触，容易使对方误解，认为还有机会，对自己纠缠不已。

所以，大学生面对自己不愿意或不值得接受的爱时应该果断地拒绝，拒绝时要注意以下两点。

第一，在自认为不喜欢的爱到来时，要勇敢且及时地说"不"，因为爱情容不得半点勉强和将就。

第二，掌握恰当的拒绝方式，每个人的个性不同，可选择不同的方式拒绝，但总的原则是：既要尊重别人，又要态度明确，并且言语、行动要一致，不能给对方留有念想，避免引来不必要的麻烦，徒增两人的烦恼。

4. 经营爱的能力

大学生中的恋爱大都是激情碰撞下的初恋，在激情平息后，却不懂得如何培养和发展爱情，在爱与被爱的磨合期显得笨手笨脚。很多大学生的通病是：轻易地恋爱，又轻易地说分手；强调爱的体验，负不起爱的责任；过分强调爱的权利，缺乏爱的能力。所以，持久、美好的爱情是需要两个人共同经营的。

知识链接

爱情保险"3A 计划"

某心理学博士在电视节目中介绍了一种爱情保险计划（他称之为"3A 计划"），具体就是每天 3 次，每次花 3 分钟做以下 3 件事。

①全神贯注地倾听对方说话，走进对方的内心世界，以对方的快乐为自己的快乐。

②浓情蜜意。非口语的沟通，即肢体语言的沟通。

③欣赏、感激。要保持爱情长久，就需要两个人真正地关心对方；运用智慧、耐力，既懂得欣赏对方，同时又要有自己的个性、追求和发展，让爱情有不竭的源泉。

除此之外，要保持爱情的新鲜度和活力，恋爱双方还要在理解爱情基本特征（平等性、专一性、排他性和依存性）的基础上，做到对对方的尊重、包容和感恩。于自己而言，要做到独立坚强，这是在爱情中保持自己尊严的重要途径，正如电影《北京遇上西雅图》的台词：爱情不是依附，爱情是各自独立坚强，然后努力走到一起。

5. 解决爱的冲突的能力

相爱的人之间发生冲突是很自然的事情，冲突一方面可能来自日常生活中的不一致或不协调，另一方面可能来自性格的差异。爱需要包容、理解、体谅。恋人间需要有效地沟通，表达清楚自己，尽量用温和的方式解决冲突。

四、正确面对失恋

（一）正视现实

失恋之苦在于一个"恋"字，爱情是双向、相互的，以双方的爱情为基础，失去任何一方，爱情就会失去平衡，恋爱即告终止。这时失恋的一方无论对另一方爱得有多深，都是不现实的，有理智的大学生应该正视这一现实。

(二)换位思考

要设身处地地为对方着想，这样做有助于你理解对方终止爱情的原因，有助于你接受失恋这一痛苦的现实并及早走出失恋的阴影。

(三)感情宣泄

不要过分地隐藏或压抑失恋带来的痛苦，要找适当的方式进行宣泄。通常，宣泄的方法有以下几种。

第一，眼泪缓解法。在悲伤欲绝时大哭一场，可以使情绪平静。眼泪能把有机体在应激反应过程中产生的某种毒素排出去，从而达到缓解情绪的作用。

第二，运动缓解法。剧烈的体育运动有助于释放激动情绪带来的能量。

第三，转移注意。心情不佳时，可以做些自己感兴趣的事。

第四，文饰法。当得不到自己爱的人或失恋时，援引合理的理由和事实来解释挫折，从而获得精神上的安慰。

第五，倾诉。向可以信任的同学、朋友、老师等诉说自己心中的烦恼，也可以写日记或写信。如果感觉心中的积郁实在太深，无法排解时，也可以找咨询师进行心理咨询。

(四)情境转移

失恋后之所以难以摆脱恋情的困扰，就在于生活的方方面面都与昔日的恋人有着千丝万缕的联系，所以要想摆脱失恋的痛苦，就要换一个新的环境，暂时离开曾经熟悉的环境，把自己置身于一个欢乐的环境中去。例如，多交一些朋友，多参加一些集体性的娱乐活动，或者可以找人逛街，出去旅游散心等，这样有助于心境的开阔。另外，由于失恋后有一种空虚感，暂时难以适应，可以用学习、工作或其他方法来充实自己，不让自己在空余时间胡思乱想。

(五)升华

要尽快把失恋升华为一种奋发向上的动力，尽快投入到学习或者工作中去，切不可因为失恋而一蹶不振，认为生活、人生都失去了意义。要知道，恋爱是生活的重要组成部分，但不是生活的全部。要正确地看待爱情，摆正爱情的位置，处理好爱情与学习、与人生、与婚姻的关系。

五、理性处理爱情中的性

(一)全方位对大学生进行性伦理教育，加强性教育

性伦理教育可以使大学生掌握科学的性知识，树立健康的性观念。我们要通过不同的途径加强性教育，教给大学生科学的性知识，培养其性道德。

1. 加强家庭性教育

父母应坦率地面对孩子的性问题。特别是随着孩子性生理、性心理的成熟，父

母要积极主动和他们探讨有关性的问题，教给他们正确的性价值观。同时，社会也应对家长开展性教育培训以及宣传与普及相关知识。

2. 重视学校性教育

学校是学生接受科学性知识、形成性道德的重要途径，我们要充分利用好这个教育主阵地。学校应把性健康教育课程列入教学计划，开设专门的性健康教育课程，特别要在大一新生中开设相关课程，使大学生掌握科学的性知识，树立正确的性观念，养成良好的性道德。要形成完善的帮助工作机制，给遇到有关恋爱、性等方面问题的同学提供及时有效的帮助。同时，要加强相关师资队伍建设，造就一支思想素质高、理论素养好的性教育教师队伍。

3. 管理社会性教育

社会要大力加强报刊、网络等各种宣传媒体规范管理，使其成为传播科学、正确的性知识而不是淫秽、错误的性知识的渠道，形成一个性伦理教育的良好社会氛围。

(二)培养大学生良好的性道德

道德是由道德认知、道德情感、道德意志和道德行为组成的。性教育课和其他途径不仅能让学生掌握科学的性知识，更重要的是能培养他们的性道德。

1. 责任感培养

加强大学生责任感的教育，使他们知道性的问题不仅是个人的私事，其结果和影响更是一个社会问题。大学生要对性行为中的另一个人负有责任感。

2. 义务感培养

每一个人性生理、性心理成熟时都有恋爱和结婚的权利，同时也有相应的义务。人们在享受爱情的甜蜜时有付出的义务，对对方有照顾的义务甚至为对方奉献的义务。

3. 羞耻感培养

羞耻感是人所具有的一种伦理调节手段。但羞耻感不是天生的，而是文化修养的结果。所以要注意培养大学生的羞耻感，让他们真正懂得处理有关性的问题时，知道什么是美好的以及什么是丑恶的，从而树立正确的荣辱观和美丑观。

体验活动

秘密问题

1. 将全班同学分为男生和女生两个组。

2. 发给每人 2 张纸条，1 张黄色的，1 张绿色的。黄色纸条上写给男生的问题，绿色纸条上写给女生的问题。

3. 每个同学分别在不同颜色的纸条上匿名写下你想问男生/女生的问题，可以写下多个，也可以只写 1 个。

    4. 将全部纸条收上来，按颜色分开。

    5. 每个女生抽取 1～2 张绿色纸条，同理如男生。

    6. 匿名回答纸条上的问题。

    7. 将纸条收上来，每人抽取 1 张黄色纸条和 1 张绿色纸条。

    8.5～6 人一组，讨论纸条上的问题和答案。

课堂演习

    有同学会问这样的问题：在大学期间我应该恋爱吗？想恋爱，可是想到未来，又觉得这种爱特别虚幻，两个人能不能走到一起都是问题，那还有必要谈恋爱吗？还是等毕业了再谈？你怎么看待大学期间谈恋爱的问题？

推荐资源

    [1][美]约翰·格雷：《男人来自火星，女人来自金星》，何兰兰、周建华译，北京，中华工商联合出版社，2015。

    [2][美]盖瑞·查普曼：《爱的五种语言》，王云良、陈曦译，南昌，江西人民出版社，2010。

    [3]电影：《失恋 33 天》《律政俏佳人》。

第七章　向死而生，珍爱生命

1. 了解生命的诞生过程，树立对生命的敬畏感。

2. 能用辩证唯物主义的观点，科学认识生命和死亡的关系。

3. 正确看待死亡教育，明确开展死亡教育的意义。

思维导图

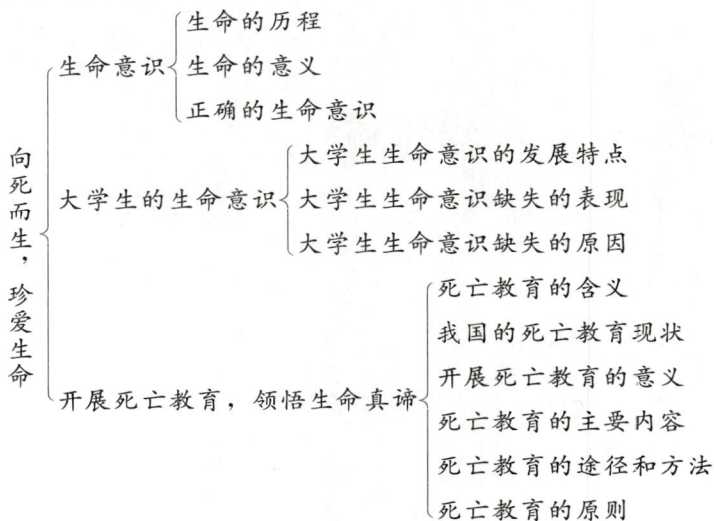

身边的故事

石家庄一大学生轻生跳河 只给父母留下 8 个字①

2018 年 11 月 9 日傍晚，在石家庄市一河畔，一名年轻男子落水。危急时刻，裕华交警大队民警和多名路人合力施救，因送医及时，男子目前已脱离生命危险。

11 月 9 日 17 时 30 分，裕华交警大队民警许伟、张东坡等人正在裕翔街塔南路口执勤，这时有市民赶来报警称，就在一旁的民心河有人落水。因情况紧急，执勤民警迅速上报指挥中心，通知 110、120、119 的同时，民警许伟、张东坡和辅警吕延朋以及驾校执勤志愿者张龙等人立即赶往事发地。

落水地点就在裕翔街塔南路一旁的民心河。赶到现场时，只见落水者是一名年轻男子，当时已经处于昏迷状态，现场四五名群众正在积极施救。民警们赶到后，与众人合力将落水者救起，又会同随后赶到的消防救援人员共同将落水者抬到 120 急救车上，紧急送往石家庄市第三医院。

经民警了解，落水者是省会某大学学生，姓田。民警在该男子跳河地点旁找到其部分书本，以及一些纸，其中一张纸上写着短短的 8 个字："妈，对不起""爸，对不起"。据民警介绍，田姓男子落水可能是因学业压力而产生了轻生念头，由于抢救及时，目前已脱离生命危险。

①　南开宇：《石家庄一大学生轻生跳河 只给父母留下 8 个字》，http://www.he.xinhuanet.com/xin-wen/2018-11/12/c_1123698541.htm，2019-11-10。引用时有改动。

故事导读

田某可能因为学业压力而做出的轻生行为，从某种程度上说明他的生命意识是薄弱的，其根本原因是他在成长过程中没有接受应有的生命教育，很少考虑死亡的含义和死亡的后果，不理解"珍爱生命"意味着什么。他无法做到"敬畏生命"，从而选择了"亵渎生命"。

第一节　生命意识

一、生命的历程

（一）生命的诞生

人类的生命是地球所有生命中最具灵性、最奇特的存在，你知道美丽的人类生命是如何诞生的吗？

成年女性一年中大概只有 30 天可以受孕，每次月经周期的中间，女性的卵巢都会释放一个（偶尔会多于一个）卵泡，这个卵泡是一堆颗粒细胞簇拥着的一个次级卵母细胞，此时，我们还不能叫它卵细胞。排卵时，卵泡破裂，这个次级卵母细胞穿着透明的衣服（透明带）被输卵管的大伞（输卵管漏斗部）捕捉，开始了向子宫的漫长征程，如果 24 小时内它得不到精子的"接见"，这个次级卵母细胞便会萎缩消失。

与此同时，约有 2 亿个左右的精子共同竞争 1 个卵子，最终，只有一个幸运的精子穿过透明带，融进次级卵母细胞膜，次级卵母细胞就变成一个真正的卵细胞，几小时后，这个卵细胞和精子融为一体，我们的一切基因特征就此确立下来，并且终生不变，我们作为一个生命的历史就此拉开序幕。受精卵在母亲的子宫中经过约 280 天的孕育，发育成一个 3～4 千克重的胎儿，最后分娩出生，成为独立的生命个体。这就是人类生命诞生的整个过程。

可以说，我们每个人的诞生都是一个小概率事件。从某种意义上说，我们每个人都是"人生第一场战役"中的胜利者。

（二）生命的发展

生命的发展是指个体从出生经历成长成熟，直至衰老和生命终结的生命全部过程。我国心理学家按照个体在一段时期内所具有的共同的、典型的心理特点和主导活动，将个体的心理发展划分为 8 个阶段，即乳儿期、婴儿期、幼儿期、童年期、少年期、青年期、成年期和老年期。[①] 个体在不同的阶段有不同的生理状况和心理特点。

---

① 张青、关淑萍：《小学儿童心理基础》，15 页，武汉，华中师范大学出版社，2018。

1. 乳儿期（零至一岁）

这是个体一生中发育最旺盛的阶段，其间脑质量增长最快，神经突触的数量和长度不断增加，动作发展最为迅速，从上身动作到下身动作、从大肌肉到精细肌肉群的动作，心理机能的发展从简单到复杂、从被动到主动、从泛化到专门化。

2. 婴儿期（一至三岁）

这一时期个体的生理不断发展变化，身高、体重持续增长，神经系统，特别是大脑皮层的结构和功能不断成熟、发展，自我意识萌芽并逐渐建立，智力发育加速，活动范围增大，语言、思维和社交能力有明显发展。

3. 幼儿期（三岁至六七岁）

个体在这一时期生长速度逐渐减慢，语言、记忆、思维、想象力、精细运动等发展增快，情绪情感出现明显的变化，易产生同情感、荣誉感、信任感，并初步建立了道德感。

4. 童年期（六七岁至十一二岁）

个体在这一时期的主导活动是学习，生理、心理方面均发生了很大的变化。从具体形象思维向抽象思维过渡，集体意识和个性逐渐形成。

5. 少年期（十一二岁至十四五岁）

这一时期个体的主要特点是半成熟和半幼稚共存、独立性和依赖性共存。同时生理发育达到"高峰期"，表现为身高、体重等外形的明显变化，以及第二性征的出现。

6. 青年期（十四五岁至二十五岁）

这一时期个体要面对升学、就业、择友、恋爱、婚姻等诸多问题，其中，恋爱和婚姻是这一时期亲密感的核心。青年期个体的抽象逻辑思维高度发展，有丰富、热烈的感情生活，自我意识迅速发展，但也存在着心理稳定性较差，敏感、批判力不足，韧性差、好胜、自控力不够成熟等特点。

7. 成年期（二十五岁至六十五岁）

这一时期个体的生理机能会逐渐出现某些衰退，活力下降，但个体在成年时期的心理能力处在相对稳定和持续发展的阶段，因此，成年期是个体心理能力最成熟的时期。这一时期个体解决实际问题的能力提高，但是学习新知识的能力有所下降。

8. 老年期（六十五岁以上）

这一时期个体的感知觉出现明显的衰退，衰退的一般趋势表现为：听觉衰退最早，其次是视觉，记忆力也会有所减退，反应变得迟缓，但衰退的程度和速度存在很大的个体差异。这一阶段，个体需要调适多方面的损失，如身体机能的衰退、记忆力的下降、失去所爱的人、退休后收入和社交活动减少等。个体在这一时期还需要积极探寻生命的意义，面对越来越近的死亡。

（三）生命的终结

生命的终结指的是死亡，也即停止生存，是生存的反面。哲学上说，死亡是生命系统所有的维持其存在（存活）属性的丧失且不可逆转的永久性的终止。生命虽美好，但不是无限的。死亡是每个生命的必然结局，是自然流通链中的一个必然环节。

在我国，长期以来，死亡都是各种人类文化的最大禁忌。人们回避谈论死亡，或者回避与其有关的场所，甚至回避与其谐音的数字"4"。人们认为死亡就是毁灭和丧失一切，这显示出人们对死亡本能的恐惧。然而事实上，没有人能对抗死亡。

曾有人说："死是生命的王冠，没有它，人活着就会失去意义。"的确，没有死亡，人们就不会感觉生命的珍贵与时间的紧迫；没有死亡，就不会有人立刻行动，去做自己应该做的事情，也不会有人珍惜时间。西方有一句谚语："如果你把每一天都当成你生命里的最后一天，你将在某一天发现原来一切皆在你的掌握之中。""不知死，焉知生？"正是由于死亡与生命如影相随，我们才会想办法使有限的生命变得有意义。坦然面对和接受死亡，让死亡成为我们生命的导师，将会使我们更加用心呵护生命的尊严，感受生命的神圣和美好，激发生命的潜能，真正享受生命的价值。

二、生命的意义

人生最珍贵的宝藏是自己，人生最大的事业是经营自己、努力寻找生命的意义。然而，当今大学生自杀的现象时有发生，那些选择自杀的大学生本该享有充实快乐的大学时光和光明的未来，为什么却选择以这种极端的方式来结束自己年轻的生命呢？究其根本原因，就是他们主观感到"生命无意义"。

（一）维克多·弗兰克尔的生命意义分析理论

维克多·弗兰克尔（Viktor Frankl）是奥地利著名的精神医学家、维也纳精神治疗法第三学派代表人物。他是一名亲身经历过纳粹集中营的生还者，他以亲身经历见证了生命的意义，并在此基础上创立了意义分析的理论和疗法。

1. 意义意志

弗兰克尔认为每个人都具有追求生命意义的本性，即意义意志。意义意志是人们追求生命意义的动力，使人无论在任何生活环境下都要拷问生命的意义。若一个人追求意义的意志遭受挫折，就会导致个体产生生命的无意义感和空虚感。

2. 意志自由

意志自由是指人们有寻找生命意义的自由。人总是受到生理、心理和社会文化等多种因素的制约，在这样的情况下，意志自由表现为当个体面临一种情境时，他可以选择自己的态度和立场。但自由必须和责任相联系，人有选择的自由，也必须承担选择的后果。

3. 生命的意义

生命的意义具有主观性和独特性。我们所追求的不是抽象的生命意义，而是特定的人生使命或天职，即生命赋予我们的具体任务。弗兰克尔认为有三种获得生命的意义的途径：通过创造和工作，体验意义的价值，对不可避免的苦难所采取的态度。在我们的信念中，在我们的工作中，在我们所爱的人和事中，在我们体验到的世界上的真、善、美中，都可以发现生命的意义。

(二)生命意义与心理健康

存在主义心理学认为，在生命压力之下，人们之所以会产生各种心理问题，是因为他们没有找到生命的意义。西方一些学者也提出个人关于生命意义的认识对心理健康的影响非常大。一个人在生活中如果没有找到自己生命的意义，便会被生存的空虚感笼罩，产生生存挫折感和价值观的矛盾，从而导致心理疾病。

缺乏对生命意义的认识，是大学生自杀的主要原因。研究发现，有自杀意念的人缺乏对生存的重要信仰，缺乏对生命价值的认识，当他们遇到较大的压力或经历负性生活事件时，往往会产生自杀意念。[1] 许多人自杀是生存的空虚感导致的，许多人的忧郁情绪、攻击性和成瘾性行为也是由生存的空虚感造成的。因此，人们需要认识到生命的意义，不仅仅在重大压力之下，也在我们的日常生活中。

(三)探寻生命的意义

很多大学生进入大学后开始盲目追求所谓快乐：睡觉、喝酒、玩游戏、逃课等。这些的确能给大学生带来暂时的快乐，但是这些强烈的物质刺激最终会导致生活无聊，心灵空虚，莫名的挫败感，甚至生命的无价值感。这些贪图一时愉悦的人被心理学家定义为"失重者"，他们注定要承受抑郁和沮丧，因为一味盲目追求快乐，只能让快乐离自己越来越远。要真正拥有快乐，就必须找到自己生命的意义。

没有人会替你确定生命的意义，如果你自己不去确定生命的意义，你将一辈子活在无意义的状态中。大到每一天，小到做每一件事，你都会感到莫名的痛苦和迷茫，因为你不知道往什么地方走。所以，每个人必须为自己的生命确定意义。正如有的大学生所说："在我看来，生活的意义，其实就是对生活本身的兴趣。这种兴趣可能是某个人，也可能是某种事业。前提是它足够美丽，能激起人类永久的追求。"所以，我们可以通过投身工作、创造生活、承受苦难、学会超越等途径来探寻自己生命的意义。

三、正确的生命意识

(一)珍爱生命

1. 生命是有限的

国家统计局报告显示，2018年我国人均寿命是77岁。[2] 即使我们用100岁来计算，每年365天，每天24小时，一生也只有36500天，合计876000小时，这说明

① 胡月、樊富珉、戴艳军等：《大学生生活事件与自杀意念：生命价值观的中介与调节作用》，载《中国临床心理学杂志》，2016(1)；周忠琴、刘启贵、孙月吉等：《726名一、四年级大学生自杀意念及其影响因素的研究》，载《中国健康心理学杂志》，2009(3)。
② 田晓航：《70年，中国人均预期寿命翻了一倍多》，http://www.xinhuanet.com//mrdx/2019-09/06/c_138370319.htm，2019-11-10。

生命的长度是有限的。每个人在生命历程中，都可能遭遇疾病、交通事故、自然灾害等突发事件，这些事件随时可能会夺去我们的生命，这更加凸显我们生命的有限和宝贵。

2. 生命是单程的

人的生命只有一次，一旦死亡就永远不能复生。我们总是会听到有人说："世界上要是有卖后悔药的就好了！"也许我们每个人都梦想着时光倒流，返老还童，可事实却是我们的生命每过一天就少一天，我们无法回到过去，更无法从头再来，我们的生命是一个一去不复返的过程，是一张通往离别的单程票。正因为生命是一去不复返的，所以它才显得特别珍贵。保护自己的生命是每一个人的天职，不要寄希望于"假如"，要从现在开始热爱生命，让"假如"成为现实，让生命不留遗憾。

3. 生命是拥有其他一切的基础

我们每个人都是赤裸裸地来到这个世界上的，出生的时候什么都没有，只有生命。随着生命的发展，我们拥有了亲情、友情和爱情，拥有了财富、地位和角色，拥有了梦想、希望和成就，而这些统统都是建立在生命的基础之上的，如果没有生命，一切都将灰飞烟灭。

(二)尊重生命

2021 年 4 月 19 日，习近平总书记到清华大学考察时勉励广大青年要肩负历史使命，坚定前进信心，立大志、明大德、成大才、担大任，努力成为堪当名族复兴重任的时代新人，让青春在为祖国、为民族、为人民、为人类的不懈奋斗中绽放绚丽之花。歌德曾经说，所有的理论都是灰色的，唯有生命之树长青。身体发肤受之父母，尊重生命的意念应该是人的一种本能反应。尊重生命，包括尊重自己的生命和尊重他人的生命。

1. 尊重自己的生命

第一，要珍惜生命。养成健康的生活方式，不做损害生命的事，如吸毒、纵欲、过度劳累、自残等。

第二，要享受生命。不争不抢，从心所欲，我们应当经常倾听自己生命的呼唤，关注它真正需要的是什么，怎样的状态才是它感到最舒服的状态。

第三，要对自己的生命负责。这也是尊重生命最核心的表现，生命源于父母，归于自己，我们所做的每一个决定、每一个行为，包括每一个念头都必须本着对生命负责的态度，不亵渎生命，亦不轻视生命。

2. 尊重他人的生命

第一，不伤害他人生命。在生命面前人人平等，每个人的生命都是独一无二的，从法律上讲，我们无权伤害他人的生命；从道义上讲，我们不应该践踏他人的生命。

第二，保护他人生命。人一定要有同情心和道义感，当看见他人生命有危险或遭到威胁或损害时，要及时施救，保护他人的生命安全。

第二节　大学生的生命意识

一、大学生生命意识的发展特点

（一）大学生生命意识发展的总体特点

绝大多数大学生对生命的存在和逝去有较合理的认知，知道生而不易，也能够较坦然地面对死亡；能够用正确的人生价值观指导自己做出与现实相符的行为；对自己、他人甚至小动物的生命都很珍惜，体现了较强的生命责任感；在生活中遇到问题也能以积极乐观的态度面对，努力探求各种解决问题的途径，具备一定的抗压能力。但也有小部分大学生对生命的认知存在偏差，例如，不珍惜生命，缺少生命的神圣感，缺乏正确的生命价值观，逃避困难甚至自暴自弃。这说明大部分大学生的生命意识发展良好，但仍有小部分大学生的生命意识存在问题，需要及时纠正。

（二）大学生生命意识的性别差异

调查显示，男生和女生在生命意识方面存在较显著的差异，具体表现为：男生对各种生存常识和逃生技能的了解程度高于女生；在维护身体质量方面的意识也高于女生，例如，男生会更多地进行身体锻炼，而女生的生命韧性强于男生，女生比男生更加认同"活着比任何事情都重要，无论什么时候都不能放弃生命"。在人生目标方面，男生对成就和自由的追求程度更高，有更强的成就动机；在人生价值的追求上，男生更注重社会效益和经济效益，对权势的认可度更高，而女生则更渴望幸福美满的家庭和稳定的生活，更追求内心的宁静，女生的求稳意识更强。在对待生活的态度方面，男生比女生更加热爱生活，更有宏大的理想抱负，而女生比男生有更清晰的人生目标和人生规划。在生命共同体意识方面，女生也比男生更强，即女生能更好地把自我生命与他人生命联系在一起，善于为他人考虑，也善于接纳他人。[①]

由此可见，男生对生命的认识更加外化，更愿意把精力放在维护身体质量、追求个人生命价值的最大化方面，人生目标宏观但模糊；而女生对生命的认识更加内化，更愿意追求稳定的生活和内心的宁静，人生目标清晰且具体。另外，女生比男生更具备同理心和耐挫力。

二、大学生生命意识缺失的表现

大学生生命意识缺失最主要的表现是知行不一致，即意识层面对生命的种种认

---

① 梅萍、宋增伟：《"90后"男女大学生生命意识与人生态度比较研究》，载《思想教育研究》，2015(4)。

识都是正确且合理的，但在行为上又与意识相背离，不能做到珍爱生命、追求人生价值。

（一）有合理的生命意识，但缺乏尊重生命的行为

尽管所有研究都显示，当代大学生普遍认识到生命是宝贵的，应该尊重和珍惜生命。然而，在现实生活中，关于大学生自杀、他杀等事件偶有发生，这些事件既包括对自身生命的践踏，也包括对他人生命的残忍伤害。

对点案例

江西一名高中女生在学校宿舍跳楼身亡，因为上课玩手机被父母收回手机；17岁湘潭少年跳楼自杀，遗书称老师翻看他的手机。研究也发现，长时间玩手机让美国青少年自杀率上升 31%……①

（二）有美好的人生目标，但缺乏实现目标的具体行为

绝大多数大学生追求身体健康、家庭幸福，但这也仅仅是他们的一个愿景，因为不少大学生生活的常态是"游戏人生"，而且经常有无缘无故的"郁闷"、无所事事的"空虚"，或者没日没夜地"混日子"。一些大学生甚至把百无聊赖、空虚颓废作为一种张扬个性的生活态度，有的"今朝有酒今朝醉"，荒唐度日；有的抱怨学习知识太痛苦、太无聊，课上聊天睡觉玩手机，荒废光阴；有的认为大学不过是"混文凭"，得过且过，奉行"60分万岁，多一分浪费"的学习态度。这样的生活态度只会让美好的人生目标永远都是"水中月，镜中花"。

对点案例

长春某学院的小李平时经常旷课，学校多次批评教育，但仍然没有效果。上学期他有8门功课挂科，于是他提出了退学，但学校考虑到他已经读到大三，还有一年就能毕业，于是劝说他继续学习。没想到这学期开学他补考又有7门挂科，他又要求退学，最终学校征求了他家人的意见，4月23日为他办理了退学手续。②

小刘是武昌一所重点院校的大四学生。大一下学期，高等数学挂科后，他变得一蹶不振，天天泡网吧。三年来，小刘累计挂科10多门，虽陆续将其中几门补考通过，但到目前，他仍有6门课程未通过考试，面临不能毕业的窘境。看着身边的同学开开心心照毕业照，他猛然醒悟：自己虚度了大学时光。情绪低落的小刘前几天

---

① 蒋肖斌：《"手机上的悲剧"催逼生命教育快快进课堂》，载《中国青年报》，2018-01-12。
② 李威：《大学生挂科太多主动退学 临走向同学借款4万元》，http://edu.people.com.cn/n/2015/0512/c1053-26984786.html，2019-11-10。

无意间发现网上有"后悔药"，就花 10 多元钱买下了 2 瓶。[1]

（三）生命价值方向明确，但生命质量践行不够

虽然不同性别、不同家庭背景的大学生有不同的人生价值追求，但总体来说，大多数学生有明确的生命价值感。问题在于大学生对生命价值感的践行力度很弱，甚至存在连自己的生活质量都不能保证的情况，例如，大学生普遍生活作息不规律，晚上不想睡，早上不想起，部分大学生因为各种原因不吃早饭就进课堂，只有极少数大学生能够规律作息，长期坚持锻炼身体。

知识链接

大学生熬夜现象调查：近四成经常熬夜 玩手机系主因[2]

日前，中国青年网对全国 1089 名大学生展开调查，结果显示：39.12％的学生经常熬夜；21.3％的学生一周熬夜 7 天；54.64％的大学生认为可以适当熬夜；87.97％学生认为"熬夜会导致其精神状态不佳，影响第二天的工作学习"；82.74％学生认为"养成早睡早起习惯可以减少熬夜"。玩手机、已有的熬夜习惯、上网，成为大学生熬夜的主要原因。

三、大学生生命意识缺失的原因

（一）环境因素

1. 社会发展及多元文化的冲击

当前，一些人将追求个人经济和物质利益最大化作为终极目标，在这种影响下，有的大学生生命的社会价值观和集体价值观逐渐淡化了，心灵和思想被金钱腐蚀，其人生理想和精神追求也泯灭了。

20 世纪 80 年代进入中国的后现代主义思潮过分夸大了人的自主性和自由性，宣扬相对主义、虚无主义和怀疑主义，使某些大学生的生命目标不明确，在日常学习生活中放纵自己，淡化了生命的责任感，不利于大学生正确生命观的形成。

2. 高校的生命教育意识淡薄

学校的使命是教书育人，但部分学校只看到了"教书"，或者把"育人"狭隘地理解为培育考高分的人。因此，我国一些高校仍然打着素质教育之名，践行"应试教

---

①　向清顺：《大学生挂科 10 多门 网购"后悔药"排解情绪》，http：//edu.people.com.cn/n/2014/0609/c1053-25120920-2.html，2019-11-10。

②　李华锡：《大学生熬夜现象调查：近四成经常熬夜 玩手机系主因》，http：//edu.youth.cn/jyzx/jyxw/201801/t20180111_11270432.htm，2019-11-10。

育"之实。同时，当下的高等教育提倡"产出导向"的人才培养模式，因此，高校更加注重培养学生未来就业所需要的专业素质和技能，削弱了对学生人文精神的熏陶，轻视了对学生综合素质的培养，这样的教育环境势必会导致学生忽视对生命质量和生命价值的关注。

3. 家庭教育功利化

面对竞争日益激烈的社会，大多数家长秉承着"不让孩子输在起跑线上"的理念，对孩子严格要求，立志要将孩子培养成人才。当孩子步入大学校园，受功利主义思潮的驱使，家长们更多关注的是那些能够帮助孩子在未来竞争中脱颖而出的技能，特别是能够带给孩子物质财富的技能，因此，他们将成功定义为取得好成绩、获得奖学金等荣誉，或者定义为找到一份高薪工作。家长的这些教育观念潜移默化地变成了孩子追求生命价值的指挥棒，让孩子错误地以为学习考高分、工作比人好、收入比人高就是人生的全部意义。如果家长能够意识到人的成长应该是先成为"人"而后才有可能成为"才"的逻辑关系，就会更重视对孩子人际关系、生活乐趣以及伦理道德等方面的引导和教育。另外，中国传统习惯认为"死亡"二字不吉利，中国人习惯了对死亡讳莫如深，因此中国父母对孩子的教育缺乏正确的死亡认知，直接导致当代大学生对生命和死亡的淡漠，造成生命意识的缺位。

（二）自身因素

一方面，大学生成长于充满变革、飞速发展的社会，竞争压力的加剧、人际关系的日益复杂等常使大学生缺乏生命信仰，对自我价值认识不足，在精神上没有归宿感，要么无聊寻找刺激，要么虚度光阴、消极颓废；另一方面，大学生处在青年早期，心理还不够成熟，心理承受力较弱，在遇到较大问题时，往往缺乏合理释放压力的渠道，进而产生生命意识缺失现象。

第三节　开展死亡教育，领悟生命真谛

探讨死亡、认识死亡，使人的肉体生命和精神生命均达于完善，是教育义不容辞的任务。曾有医生表示，很多癌症晚期患者饱受折磨，但家属往往拒绝舒缓治疗，怕被说不孝。我们对尊重生命的教育有欠缺，建议从中小学生开始开展死亡教育，让人们尊重死亡、尊重生命。对大学生进行死亡教育有助于他们更好地认识和理解生命，尊重并热爱生命，提高生活质量和增强生存技能，进一步提高其对生命的敬畏感，从而珍爱生命。

一、死亡教育的含义

孟宪武认为，死亡教育是指教育者在教育实践中通过心理学、医学、伦理学、

哲学等多元学科的融合，将不同学科中有关死亡的知识传递给受教育者，从而更好地帮助受教育者思考死亡的意义与价值，增进人们对死亡的认知，提高其死亡品质。① 李保玉认为死亡教育是一种通过探讨生死关系，叩问生死本质，揭示生死意义，从而提高生命品质和死亡品质、塑造理想人格的教育活动。②

由此可见，死亡教育就是教育者通过传递科学的死亡知识，使受教育者认识死亡的本质，以及死与生的辩证关系，从而让受教育者一方面充分把握生命的质量，另一方面建立正确的死亡认知，拥有面对死亡的健康情绪和行为的教育活动。

二、我国的死亡教育现状

(一)家长：谈"死"色变

在我国的传统文化中，死亡是人们不愿主动触及的话题。由于对死亡的忌讳，古人还创造了"没""故""作古""谢世""丧明之痛"等一系列同义词或典故以委婉代称。而这种忌讳一直延绵至今。对于未成年的孩子，家长们更是很少直截了当、清晰准确地解释死亡，一般会以"睡着了""去了遥远的地方""变成天使了""变成天上的星星了"等回避孩子关于死亡的问题。在教育体系内，帮助孩子建立科学的生死观、正确看待死亡，也存在着一定程度的缺位。

(二)学校：死亡教育严重缺失

如今，大部分高校对心理健康教育尚不够重视，涉及"死亡教育"的更是少之又少。吴福寿在他的研究中谈道：虽然很多医学类高校在近年来逐步开设了与死亡教育有关的课程，但其他类型的高校很少开设此类课程。目前，我国的死亡教育还未在真正意义上起步，存在死亡教育意识淡薄、目的不明确、缺乏科学系统的课程、没有良好的学术氛围、缺少专业的研究机构和学术研究等问题。③ 说到死亡，中国人总觉得"不吉利"，因此不仅在日常生活中尽量不对孩子谈及，更是将其坚决拒之于学校教育门外。总之，对于死亡教育，大多数学校和家庭一样，采取刻意回避的态度。但也有部分高校开启了死亡教育的大门，并在学生中引起了强烈的反响。

知识链接

大学生躺裹尸袋体验死亡：要珍惜当下，领悟生命可贵④

2019年4月7日，重庆沙坪坝，四川外国语大学内进行了一场以"感悟生命 感

---

① 孟宪武：《人类死亡学论纲》，429 页，西安，陕西人民教育出版社，2000。
② 李保玉：《死亡教育：大学生生命教育的反面路向》，载《现代教育科学》，2019(10)。
③ 吴福寿：《大学生生命教育之死亡教育存在的问题及对策》，载《重庆科技学院学报(社会科学版)》，2018(5)。
④ 钟旖：《生命教育进高校 重庆学子"体验死亡"感悟生命可贵》，http://www.chinanews.com/sh/2019/04－07/8802296.shtml，2019-11-10。

恩生命"为主题的生命教育活动，吸引了很多学生参加。学生们参加了"孕育体验""老人体验""死亡体验"等活动，还会躺在模拟的裹尸袋内，佩戴着眼罩，通过情境设定感知生命历程，领悟生命可贵，从中感悟生命的意义。

当前，不少发达国家如美国、德国、日本等的死亡教育已有了相当的发展。尤其是美国人在这方面开明很多，家长或教师在孩子 3～4 岁时就向他们做关于"死亡"的诠释。当然，这种诠释是深入浅出、形象生动的。比较而言，我国目前正规的、系统的、自觉的死亡教育实践相对滞后。究其原因，一方面是由于民族的、文化的和社会的诸多因素，人们对"死"字深恶痛绝、讳莫如深；另一方面，由于不少人对"死亡教育"这一概念望文生义，退而避之，忽略了教育真正的内涵。

三、开展死亡教育的意义

(一)死亡教育是学生人生观教育的重要组成部分

死亡作为实实在在存在的现象，同生命一样是哲学的永恒主题。可以说，在人的一生中，缺乏死亡内容的教育是不完整的教育，死与生是对立统一的，死亡教育虽名为谈"死"实际上谈"生"，明显具有人生观和价值观意义。

(二)死亡教育是遏制青少年自杀行为的重要途径

此前，媒体对广州大学选修"死亡教育"课程的学生进行调查发现，选择"死亡教育"课程的学生中，有过自杀念头或有过失去亲人经历的占多数。[①] 近年来，关于青少年自杀事件的报道有增无减，而且低龄化趋势日渐严重。这些在花季年华就匆匆告别人世的青少年，给后人留下了挥之不去的遗憾与伤痛。如果这些轻生的青少年了解如何对待生活中的挫折，知道如何正确对待生命和珍惜生命，他们可能就不会选择自杀的道路。一位上了"死亡文化与生死教育"慕课的学生留言：我离死亡应该还有一段距离，听了老师的讲课，我将会更加珍惜生命。[②]

(三)死亡教育有利于破除迷信，提高学生的文明素养

如今，人类自身生产的大多数环节已经逐步走上现代文明的道路，如晚婚、节育、优生、优育、健康、长寿等，但只有死亡这个环节，尤其"文明死"这个死亡文明的中心环节还存在着盲目和愚昧。只有对学生进行普遍的、健康的生死观和死亡文明教育，才能形成崇尚科学文明死亡的社会风尚，从而提高人口素质、推进社会文明。

(四)死亡教育可促使学生更加珍惜有限的时间

学生意识到死亡这个事实后，在规划个人的一生时，就会格外珍惜有限的时间，因为知道时间就是生命，他们就更可能自觉地、认真地对待每一件事情，努力追求

---

①②③　马瑾倩：《名为谈死实为论生 大学生死亡教育课体验殡葬全过程》，http://edu.people.com.cn/n1/2019/0410/c1053-31022953.html，2019-11-10。

人生的价值和意义。

(五)死亡教育可缓解学生失去亲人的悲痛

2017年，上海市某医学院校就"死亡教育的需求"对1485名医学生进行调查发现，接触临终患者、经历他人死亡事件和参加葬礼的经历越多，对死亡教育的需求程度越高。[3] 由此可见，大学生需要死亡教育来正确认识亲人的离世。当自己的亲人逝去时，活着的人经受着比死者更为强烈的离别痛苦。而过度悲伤又是心脏病、精神障碍等疾病的诱因，死亡教育可促使学生接受亲人死亡的现实，缩短悲痛的时间，尽快度过悲伤期，进而更快地投入正常的学习生活中。

四、死亡教育的主要内容

死亡教育依托于"死亡学"这门新兴学科，而"死亡学"具有综合性和交叉性的特点。因此，死亡教育从内容上看，其涵盖面非常广。虽然死亡教育的内容具有广泛性，但根据国外死亡教育的理论和方法，结合我国死亡教育还处在开创时期的具体情况，我国死亡教育还只适宜在基本层面展开，主要涉及死亡认知、死亡标准、生命与死亡的意义、死亡焦虑及恐惧的克服、亲属离世后学生心理的调适、自杀的避免、与死亡相关的法律问题等内容。具体而言，可从以下几个方面展开。

(一)死亡基本知识的教育

死亡基本知识主要包括：死亡的概念、定义和判断标准；死亡的原因与过程；死亡的不同方式及死亡方式的选择；人类死亡的机理；死亡的社会价值与意义；思想家对死亡问题的基本探讨；与死亡现象有关的人类活动；死亡文明(文明终：临终抢救的科学和适度；文明死：从容、尊严地死；文明葬：丧葬的文明化改革)等。死亡基本知识是死亡教育最基础的也是最重要的内容。

(二)死亡与生命关系的教育

了解死亡与生命的关系是死亡教育的重要内容之一。德国现代神学家云格尔(Eberhard Jüngel)曾说："就人的生存而言，死不仅是全然陌生的，它同时是我们最切身的，在我们的生命中，也许很多东西甚至一切都不确定，但我们的死亡对于我们是确定的。"个体的生命与死亡相伴相依，死亡与生命的关系教育就是要论证死亡与生命的辩证关系，充分认识死亡与生命的辩证统一性，有助于个体充分接纳死亡的客观性和真实性，消除个体对死亡的逃避心理和恐惧心理。

(三)死亡心理教育

死亡心理教育主要包括以下几个内容：一是死亡认知教育，使学生了解不同群体的死亡态度，产生对死亡的合理认知。二是临终心理分析与教育，通过了解人类个体在临近死亡时心理的发生及变化过程，帮助学生消除面对死亡的无知和恐惧。三是亲人离世的悲伤心理辅导，目的是帮助死者家属尽快从失去亲人的悲伤中走出来，恢复正常的社会生活。四是"死后世界"的延伸教育，目的是使学生善用唯物主义论认识生命的来龙去脉，明白死后世界在物质转换和精神存在上的意义，防止人们因死亡而产生人生无意义的恐惧心理。

（四）死亡权利教育

生命属于个体，故个体拥有死亡的权利，但个体的生命也属于家庭和社会，因此个体对生命的处置权又是相对的，也即个体的死亡权利是相对的。死亡权利的教育可以使人们了解到，在一般情况下，无论是自己还是他人的生命都应该受到尊重和保护，人们不能随意行使死亡权利来处置自己和他人的生命。自杀和杀人就是一种随意行使死亡权利的行为。死亡权利教育能够让学生全面了解处置生命的相对性和例外情况，一方面有助于学生尊重自己和他人的生命，另一方面也有助于个体在特殊情况下懂得行使自己的生命处置权。

五、死亡教育的途径和方法

死亡教育不仅仅是针对将死者的临终教育，也是针对每个生命个体的普遍教育。死亡教育应该成为人生的全景式教育，因为人在一生中只有一次机会面对自己的死亡，但在人生的所有阶段都要面对无数次他人的死亡，并且我们也无法预知自己的死亡。因此，死亡教育对所有人来说都是必需的，它是一种准备，可以避免在死亡来临的时候手足无措。死亡教育具体的途径和方法有以下几种。

（一）专门课程

根据学生不同的年龄阶段，开设相应的死亡教育课程，例如，在大学一年级，开设破除对死亡的神秘感、恐惧感的课程，让学生了解死亡是一种正常的自然现象，消除存在鬼怪神灵的认识。对于大学高年级学生，可以开设生与死的医学、心理学、社会学、文化学、伦理学等方面的课程，帮助学生了解怎样避免不必要的死亡，树立正确的死亡观，从而更加善待生命、珍爱生命。

（二）学科渗透

学科渗透就是在其他门类的学科课程中、在班会活动中、在某些主题活动中，有意识地渗透关于生命与死亡主题的教育活动，尤其是在教学过程中涉及与死亡相关的文学、艺术、影视作品时，可以借助这些作品渗透死亡知识的相关教育。

（三）课外实践活动

通过各种课外实践活动对学生进行生命和死亡的教育。例如，组织学生参观历史博物馆和自然博物馆；从动植物生命的生死交替来了解死亡的必然性；引导学生进行阅读和艺术欣赏，从文学作品、影视作品的故事中领会复杂的生死问题等。还可以鼓励学生作为志愿者，参与社区的临终关怀活动，在帮助他人的同时感受生命的价值和尊严，感受爱心和互助的宝贵，增强他们的社会责任感。

家长在孩子遇到亲人不幸去世时，不应让他们回避，应该让他们体会浓浓的亲情与亲人去世带给自己的悲痛和思念。若条件允许，也可以让他们参与丧事的处理，了解丧事处理的主要过程和手续，知道什么部门能提供什么样的服务，丧葬的礼仪是怎样的，怎样才能把亲人的丧事办得既得体又圆满。

(四)心理辅导

生命个体的死亡会直接终结其生存期间的社会关系，从而使与其相关的社会人群产生情感上的撕裂和一系列消极的情绪反应。当一个人不能正确地认识和承受"他人死亡"的事实时，便会严重影响到自我的成长和健康。因此，当有学生的亲人去世后，班主任或心理教师就要给予必要的心理辅导。对于一些心理脆弱、心理压力过大、有过自杀念头或倾向的学生，也必须给予及时的心理疏导，鼓励他们勇敢地承受挫折，帮助他们树立战胜困难的信心。此外，对于将死者的心理疏导也不容忽视。

六、死亡教育的原则

(一)科学合理原则

教师传授给学生的对死亡的看法，要科学合理，符合大众认知。教师告诉学生的内容、使用的教学方法以及解答问题的方式，都会影响到学生对死亡的看法，教师应避免用不现实的方式或半真半假的故事来解释死亡。

(二)直面现实原则

教师应教育学生面对现实，正视死亡，以确保学生的心理健康。教师不应该只是知识的传授者，同时也应该是所有活动的参与者和亲历者。

(三)尊重宗教原则

如果涉及宗教问题，教师应指导学生从不同的宗教背景讨论死亡，帮助学生了解有关死亡问题的不同宗教信仰和习惯。

(四)尊重个体差异原则

学生在生理、心理、社会各方面的发展各不相同，单独一种课程无法适用于所有学生，因此，教师在选择教材、教法及设计学习活动前，必须仔细考虑不同学生的各种需要。另外，有关死亡问题的教学讨论可能会激起学生对正在经历或已经经历过的事情的强烈反应，教师应预估学生的情绪反应，并对此予以足够重视。

人人都拥有生命，生命的单次性和独立性告诉我们生命是至高无上的。我们必须珍惜自己的生命，同时应该珍惜别人的生命。然而，现实生活中并不是每个人都能珍惜生命，懂得欣赏生命的多姿，发现生命的意义和价值，享受生命的快乐和幸福，甚至有许多人不懂得生命的真谛，不仅不享受生命，反而制造戕害自己和他人生命的悲剧。

事实证明，只有正视死亡、尊重死亡，才能更好地理解生命，从而尊重生命，珍惜来之不易的生命。道理其实很简单，但是如何进行死亡教育，培养正确的生命观、人生观和价值观，这需要每一位教育工作者付出更多的心血和智慧。

知识链接

中国的死亡教育[①]

2000 年，广州大学就开设了我国第一门死亡教育课程"生死学"。除了生与死的本质概念，包括器官移植、临终关怀、自杀等话题也被纳入课程中。2009 年，基于 9 年的教学经验，创设这门课的胡宜安教授编著了我国当时唯一的生死学教材——《现代生死学导论》，成为不少高校开展生死学课程的教材之一。

山东大学 2006 年便开设了"死亡文化与生死教育"课程，目的是缓解医学生对解剖课的恐惧。直到 2014 年，这门课被制作成视频在慕课等学习平台正式上线，并成为第一批国家精品在线开放课程之一。

北京大学 2017 年开设"死亡的社会学思考"，主讲老师陆杰华教授在接受媒体专访时谈道，西方的死亡社会学一共关注三个议题——死亡、临终和丧亲，基本涵盖了人在生命周期中与死亡发生的不同关系。

此外，协和医学院、广东药学院等高校近年来也陆续开设了类似课程，写遗书、立遗嘱、写墓志铭、生命卷轴复写、参观墓地殡仪馆、到安宁疗护病房做义工等生命教育形式也逐步进入教学实践。

由于我国死亡课程较少，备课选用的基本是国外相关教材。由于课程是以专题形式开展的，还会邀请相关专家讲座。不同学科背景的同学选择这门课，他们在设计项目时也会从各自领域寻找选题，例如，法学院同学会探讨安乐死的法律制度环境等。

美国的死亡教育[②]

一位普通的美国小学教师发现全班同学集体喂养的小白兔"玫瑰"死了之后，孩子们都很悲痛，情绪波动很大。

于是这位教师立刻计划开展一次与家长协同的死亡情感教育课，帮助孩子们度过失去"伙伴"的悲痛。她给每一位家长写了一封短信说明情况，并告诉家长："玫瑰的死令孩子们悲伤，这可能会使孩子们想起他们喜爱的人或宠物的死，我们将在明天邀请孩子们参加一个讨论会，大家一起制作一本关于玫瑰的纪念册，来追忆与玫瑰在一起的美好时光和表达对它的思念。另外，在最近一段日子里，有些孩子可能会经常提起玫瑰，有些孩子可能会变得沉默寡言，请您体谅孩子的情感表现。"

这位普通的美国小学教师通过这个情感教育活动和家长们在家里的情感教育协

---

① 摘自马瑾倩：《名为谈死实为论生 大学生死亡教育课体验殡葬全过程》，http://edu.people.com.cn/n1/2019/0410/c1053-31022953.html，2019-11-10。

② 尹丹：《美国中小学"死亡教育"课观察》，载《福建论坛（社科教育版）》，2009(1)。引用时有改动。

助，让孩子们认识到了正确对待死亡的情感体验，有益于他们树立健康的人生态度。

这样的例子在美国并不少见，大部分中小学还会邀请专业殡葬人员或重症室护士来校教授别具一格的"死亡课"，"特邀专家"们会和孩子讨论人死时的真实情境，并让孩子们模拟遭遇亲人车祸死亡时的情形及应对悲痛情感的正确方法，或体验突然成为孤儿的凄凉感。

体验活动

死亡 5 分钟

目的：通过真实的体验死亡，促使大学生进行对生与死的思考。"通过体验者直面人生谢幕的感受，传递更加珍爱生命、热爱生命、感恩生命、善待亲人的理念！"

操作：

1. 让体验者躺进裹尸袋中，闭上眼睛，体验死亡 5 分钟。

2.5 分钟结束后，让体验者分享自己的体验感悟，并"寄语新生"。

要求：体验者要身体健康，无高血压、心脏病等病史，心理素质较高。

课堂演习

生命的最后 3 天

年轻让我们感到死亡似乎离自己很遥远，我们总以为将来还有充足的时间去做想做的事情，过想要的生活。其实每个人从一出生，生命之钟的倒计时就开始了，假如你被告知你的生命只剩下最后 3 天，你的第一感受是什么？你将如何安排生命中这仅有的 3 天？你希望在你的墓碑上刻下什么样的文字呢？

生命的最后 3 天
我最想做的事：_____
我最想说的话：_____
我最强烈的感受：_____
我最大的遗憾：_____

生命最后 3 天的安排一定会是你最想要完成的事情，由此你可以发现自己在生命中最在乎、最珍惜的东西是什么。平时生活的种种纷扰隐藏或者阻隔了内心的真正渴望，现在你可以重新把握生活的重心。

死亡警示着我们生命的有限性，这就需要我们更加珍惜生命中的每一分每一秒。正如张爱玲对生命的理解："想到什么立刻去做，否则来不及了，因为人是最拿不准的东西。"谁知道人哪一天就会悄无声息地被死亡掠走呢。所以，就让我们的生命从今天开始吧。

从今天开始，我要做最好的自己，不再随波逐流。

从今天开始，我要关爱父母，坚持给他们打问候的电话。

从今天开始，我要善待周围的人，每天做一件帮助别人的事情。

从今天开始，_____

············

推荐资源

[1]［美］阿图·葛文德：《最好的告别：关于衰老与死亡，你必须知道的常识》，彭小华译，杭州，浙江人民出版社，2015。

[2]［美］肯·威尔伯：《恩宠与勇气：超越死亡》，胡因梦、刘清彦译，北京，生活·读书·新知三联书店，2013。

[3]电影：《入殓师》。

第八章　规划职业，把握未来

学习目标 ▶

1. 熟悉职业规划的含义和意义。

2. 了解大学生职业规划存在的问题。

3. 掌握大学生职业规划的科学方法和步骤。

思维导图 ⏰

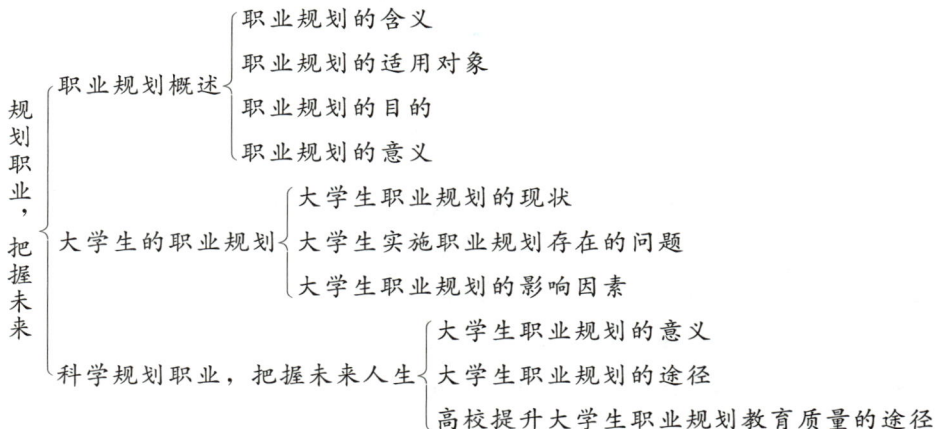

身边的故事 📜

大四毕业，何去何从

　　小张是教育学专业的一名大四学生，由于他一直没有想清楚大学毕业要从事什么工作，因此，直到大四就业季开始，他对接下来的人生路仍然没有头绪。看到身边考研的同学埋头苦学，干劲十足，他就想自己也去考研，以此缓冲就业压力，但一想到考研的同学从大三就已经开始准备，他顿时丧失了信心；看到天天收集招聘信息，奔波于各个招聘会的同学，他又想去试试找工作，但当他制作简历的时候又无从下手，因为他没有明确的就业方向，对自己也没有深入全面分析过，所以简历的很多部分他也不知道该如何填写。就这样，小张的大四生活过得既焦虑又盲目。

故事导读 🔷

　　由于小张在大学期间对自身以及专业的适应岗位没有进行过全面分析和比较，因此，到大四站在人生十字路口的时候，他茫然了，没有自己的想法和选择，只能像无头苍蝇一样乱撞。现在的大学生较多地表现出就业时职业选择随意，过分依赖"先就业，再择业"的模式，导致转行率居高不下，由此可见，大学生进行职业规划是非常重要且必要的。

第一节　职业规划概述

一、职业规划的含义

职业规划也叫职业生涯规划，也有人用"人生规划"来称呼。根据中国职业规划师协会的定义，职业规划是对职业生涯乃至人生进行持续的系统的计划过程，它包括职业定位、目标设定和通道设计三个要素。具体而言，职业规划是指个人与组织相结合，在对个人的兴趣、爱好、能力、特点进行综合分析与权衡的基础上，结合时代特点，根据个人的职业倾向，确定最佳的职业奋斗目标，并为实现这一目标做出行之有效的计划与努力。

职业规划于 1908 年起源于美国。有"职业指导之父"称号的弗兰克·帕森斯（Frank Parsons）针对大量年轻人失业的情况，成立了世界上第一个职业咨询机构——波士顿地方就业局，首次提出了"职业咨询"的概念，从此，职业指导开始系统化。到 20 世纪五六十年代，舒伯（Donald Super）等人提出"生涯"的概念，于是生涯规划不再局限于职业指导的层面。

二、职业规划的适用对象

《10 天谋定好前途：职业规划实操手册》指出，职业规划适用于以下人群：①在校学生或者已经工作，需要谋划出清晰未来的人。②正在求职或将要求职，却没有清晰而精准的求职目标的人。③对未来感到迷茫，搞不清楚应该向哪个方向发展的人。④不喜欢当下在做的工作，对工作提不起劲的人。⑤每天忙碌，但成果有限的人。⑥感觉职业发展不顺、徘徊不前，看不到前途的人。⑦对是否跳槽犹豫不决的人。⑧希望工作稳定、收入更高、职业生涯发展顺利的人。⑨想创业，但不知道自己是否适合创业的人。⑩希望能学些专业的方法、理念，从而有效掌控自己的职业生涯的人。[1]

三、职业规划的目的

（一）确定适合自己的工作

每种职业都有优势和劣势，每个人都有长处和短处，找工作最重要的就是人岗匹配，让个体的长处在岗位上得到最大限度的发挥，也让职业的优势在个体的人生发展中体现最大的价值。那么如何才能做到人岗匹配呢？我们需要借助科学的方法、

---

[1]　洪向阳：《10 天谋定好前途：职业规划实操手册》，2 页，上海，上海大学出版社，2014。

专业的知识、合理的分析才能让个体和职业的匹配度最高。

因此，求职之前先要进行职业规划，职业规划的首要环节是分析和定位，弄清自己想要干什么、能干什么，自己的兴趣、才能、学识适合干什么。这个过程可以通过可靠的量表工具进行测量，根据测量结果评估自己的职业倾向、能力倾向和职业价值观，这是职业规划的基础。在此基础上，根据测量结果的各项指标，以及自身的学历、经历、能力，了解自己的内外优势，并把这些优势整合在一起，作为职场上打拼的核心竞争力。最后，对市场上不同行业、不同职位进行综合分析和对比，找到自己与职位的匹配点，也即确定自己的职位切入点。有了职业规划的前期分析与准备，个体就能在找工作的时候有的放矢，用自己的所长去寻觅最契合的职位。

(二)规划长远的人生发展

职业规划不仅能解决求职前的综合分析和人岗匹配问题，更重要的是能解决入职后的长远规划与个人发展问题，包括职位的晋升、预期的发展周期等。所以说职业规划是通过规划求得职业的长远良性发展，通过确定未来各个阶段的发展平台，并拿出攻占各平台的计划和措施，然后由专业人员对切入点所在的市场状况、行业前景、职位要求、入行条件、培训考证、工作业务、薪酬提升等运作进行详细的指导，例如，要获得某个平台需要多长时间、需要补充哪些知识、需要增加哪些人脉等，个体则只需根据职业规划的内容去准备、去调整，这样就能充分保证个体人生的每一步都走得有意义，从而拥有高质量的人生。

四、职业规划的意义

(一)协助个体更科学地择业

在社会未迈入工业化以前，职业的种类较少，自工业革命之后，世界上的职业种类繁多，更趋复杂与专业。按照国家 2015 年颁布的《职业分类与代码》，可将职业归纳为 8 类，分别是：党的机关、国家机关、群众团体和社会组织、企事业单位负责人，专业技术人员，办事人员和有关人员，社会生产服务和生活服务人员，农、林、牧、渔业生产及辅助人员，生产制造及有关人员，军人，不便分类的其他从业人员。如此众多的职业类别及复杂的职业内涵，求职者仅凭一己之力很难洞悉各种职业的内容及特点，父母、亲友们一般也不具备系统化的职业知识来协助孩子选择适当的职业。因此，由学校及社会就业辅导机构辅导求职者进行专业的职业规划，对个体的科学择业起着举足轻重的作用。

知识链接

大学生对职业规划的认识①

调查显示，87.18%没有明确职业规划的大学生认为，规划不明确对找工作有影响，其中，46.15%的人认为没有提前做准备导致简历单薄，61.54%的人找工作时才发现选择很迷茫，35.9%的人找工作时发现自己不具备工作要求的能力。

(二)保障个体的心理健康及生活质量

对于个体来说，职业规划的好坏必将影响其整个生命历程。我们常常提到的成功与失败，不过是所设定目标的实现与否，目标是决定成败的关键。个体的人生目标是多样的：生活质量目标、职业发展目标、对外界的影响力目标、人际环境目标……整个目标体系中的各因子相互交织影响，而职业发展目标在整个目标体系中居于中心位置。这个目标能否实现，直接引发个体的成就感或挫败感、愉快体验或不愉快体验，从而影响着个体的心理健康水平和生活质量水平。

(三)维护社会的稳定发展

对年轻人而言，职业选择是否适当，将影响其将来事业成就的高低以及一生的幸福；对社会而言，个人择业是否适当，能决定社会人力供需是否平衡，人才资源配置是否合理。如果每个社会公民都能适才适所，那么，不仅每个人都有发展的前途，而且社会亦会井然有序，欣欣向荣；相反，个人将闷闷于世，社会问题丛生。由此可见，个人的职业选择是否恰当直接影响个人及社会的发展质量。

知识链接

职业规划的重要性

应届生资讯网报道，据科学家对25～35岁职场的中坚后续力量这个人群的调查：27%的人没有目标，60%的人目标模糊，10%的人有清晰且比较长远的目标，3%的人有清晰且长期的目标。这种调查统计的数据导致的结果是：3%的人后来成为白手创业者、行业领袖、社会精英；10%的人后来成为各行各业不可或缺的专业人士，如医生、律师、工程师、高级主管等；60%的模糊目标者几乎都生活在社会的中下层，他们能安稳地生活与工作，但都没有什么特别的成绩；27%的人后来生活不如意，常常失业，抱怨他人、抱怨社会、抱怨世界。

---

① 摘自罗希、蒋天熠、李晶晶：《调查显示近九成大学生认为清晰的职业规划有助求职》，http://www.xinhuanet.com/2019-10/28/c_1125160191.htm，2019-11-10。

第二节 大学生的职业规划

一、大学生职业规划的现状

自从 1999 年高校扩招以来，大学毕业生就开始面临巨大的就业压力。就业问题不仅关系到大学生自身的未来，也关乎国家的经济发展与和谐社会的建设。但是就目前来看，我国大学生职业规划的情况并不乐观，总体上表现为以下几点。

(一)职业规划的意识淡薄

由于职业规划于 20 世纪 90 年代才由欧美国家传入我国，人们对职业规划的认识起步较晚，重视程度不足，大学生对职业规划的意识更为薄弱。调查显示，大部分大学生没有明确的人生规划，处于一种盲目的状态。在谈及人生目标时，43.21％的大学生"目标不定，因情况而变"，16.8％的学生"暂时没有目标，挺迷茫的"，这就意味着大多数大学生没有真正意义上思考过人生目标。26.74％的学生"有短期目标，但终极目标不明确"。能够根据自身实际情况确定人生的短期目标和长期目标，并为实现这一目标做出行之有效安排的学生仅占 13.25％。[①] 这说明绝大多数大学生没有进行人生规划的意识和行为。

(二)职业规划的观念有偏差

调查显示，进行过职业规划的大学生在规划的过程中会出现很多心理及认识上的误区，主要表现为以下几种。

第一种，认为计划赶不上变化，所以没有必要过早进行具体的规划，到大四再说也不晚。调查显示，与低年级学生相比，即将就业的高年级学生中有明确职业规划的比例更高。低年级中有明确规划的占 19.04％，高年级中这部分则占 33.71％。但仍有不少高年级学生职业规划比较模糊，占 63.43％，低年级中规划模糊的占 74.94％。高年级中有 2.86％的学生仍完全没有职业目标，低年级中则占 6.92％。[②]

第二种，不能认识到在职业规划时自我定位和目标分析的重要性，表现为进行职业规划时缺乏自我分析，不太了解自己的兴趣、气质、个性，不能科学地分析自己的优势与劣势。同时对职业环境认识不足，对自己理想行业的特点、行业要求及行业发展情况都缺乏分析。

第三种，受不良价值观如"求稳、求高薪、求高社会地位"的引导，很多大学生在择业时更注重职业的经济价值，把目标定位在国企、机关等传统意义上的好单位，

[①] 介贝：《大学生生命观现状及教育对策研究》，硕士学位论文，中北大学，2017。
[②] 罗希、蒋天熠、李晶晶：《调查显示近九成大学生认为清晰的职业规划有助求职》，http://www.xinhuanet.com/2019-10/28/c_1125160191.htm，2019-11-10。

希望去大城市就业，而最需要人才的边远地区、中小城市却少有人问津。一家生物技术企业的招聘人员说："很多学生来求职，不是先问工作内容，而是先问薪资待遇、工作时长和休假时间。"她觉得这样有些本末倒置："应该是先说你能给公司带来什么，然后才是公司能给你回馈多少。"①

(三)职业规划缺乏积极的大环境

在我国，由于长期受"应试教育"的影响，家长、学校、学生本人都以"分"为尊，太过于看重学习成绩和考试分数，似乎除此之外，其他事情一概不重要。这种观念让家长和学校都将目光放在当下，只关注孩子当下的发展水平，未能更多地考虑孩子一生的长远发展。这一观念直接产生的行为就是，家长很少跟孩子专门探讨"人生规划"的问题，中小学也几乎没有专门的教师和课程指导学生进行科学的人生及职业设计。尽管目前有很多高校开设了"大学生职业规划教育"这门课程，但是这门课程实施的初衷更多是响应国家政策的号召。因此，现阶段这门课程的开设多流于形式，基本上由校内兼职教师负责课程的教学，缺乏具备相关资质的专业指导教师，这使得该课程的实施效果大打折扣。在这种大环境的影响下，学生本人自然也会认为职业规划和人生计划并不重要，"走一步看一步"的心理也就自然而然形成了。

二、大学生实施职业规划存在的问题

(一)职业规划理想化

大学生职业规划的理想色彩普遍较浓。从高校毕业生的就业期待可以看出，大多数大学生希望能在一线城市或者较发达城市工作，毕竟这样的城市意味着更多的发展机会，这也就是为什么许多免费师范生最后会选择放弃回归家乡的机会而留在大城市工作的原因。在薪资待遇方面，大学生较突出的特点是眼高手低，即自己的能力往往匹配不上所期望的薪资待遇要求的岗位能力。

(二)职业规划的方法和能力欠缺

由于受高等教育扩招的影响，我国大学生数量不断增加，带来的直接后果除了学生数量与教育资源之间不匹配以外，还有学生数量与实习单位承载能力的矛盾，这就导致部分大学生在校期间没有机会参加专业实习。加之当今大学生成长环境优越、受家庭过度保护等，致使其社会阅历相对不足，缺乏社会实践锻炼，使大学生缺乏对职业特点和职业环境的深入了解。另外，在校大学生使用科学工具进行测评的能力有限，相关调查显示，只有很少一部分大学生使用过专业的分析方法对自身的优势与劣势进行了解，大部分大学生未使用过学校的职业规划测评系统。② 这些

---

① 孙佳:《当就业难遇招人难:毕业生漫天要价惹单位不满》，http://society.people.com.cn/n/2013/0418/c1008-21186858.html，2019-11-10。

② 韩莎莎、刘泽春、吴淑婷等:《大学生职业生涯规划研究现状与对策——以花都区民办高校为例》，载《现代商贸工业》，2014(21)。

因素综合导致大学生职业规划的方法和能力欠缺，具体表现为缺乏科学的手段认识自己的需求、特长、个性特点、职业偏好等信息，获取企业信息的途径相对匮乏，职业选择缺少针对性，职业规划意识不强等。

(三)职业价值观有偏差

研究表明，21 世纪初，大学生的就业选择出现了明显的"大城市热"；在科技发展迅速、舆论透明便捷的当下，大学生在就业过程中更加强调个人价值和利益的最大化，而对国家和集体利益的考虑相对较少。[1] 大学生普遍不愿意选择偏远地区或经济发展较落后的地区就业，更愿意扎堆大城市或效益好的单位，几十人甚至上百人竞争一个工作岗位的现象也时有发生。相当多的大学生加入考公务员和考"编"大军。另有研究显示，自媒体时代，大学生的职业选择呈现多元化发展，但其中也不乏问题，例如，注重个人物质满足和职业发展前景的"城市取向"，"求稳"心态驱使的"从政取向"，"网红"经济催生的网络直播、主播等"自由职业取向"。[2] 这些就业观念普遍以个人利益为主导，以追求生活的舒适和享受为前提，在很大程度上使大学生的职业选择具有功利性色彩。

(四)自我定位不明确

由于大学生的自我意识还处在一个矛盾发展的过程中，很多大学生对自身的个性、兴趣、能力缺乏稳定且深入的认识。大学以前的教育更多关注的是学生的学习成绩，很少引导学生关注自己和认识自己，这就造成了这些学生进入大学后既缺乏探究自我的意识，又缺乏科学认识自我的方法和能力。大学生往往自我认识模糊，自我定位不清晰。有研究调查大学生对自己的个性、兴趣、能力的认识情况，结果显示：只有 14% 的大学生对自己非常了解；66.7% 的大学生对自己的情况有大概的了解，但没有思考过自己的情况和职业要求之间的联系；15.6% 的大学生很迷茫，对自己的认识模糊不清；还有 3.7% 的大学生从来没有考虑过自我认识的问题。[3]

由此可见，大部分大学生对自身的个性、兴趣、能力的认识程度不够深入和透彻，对自己的专业认识也比较模糊，更谈不上将自己的能力、兴趣和专业发展结合起来。

---

① 肖璐、白光林、王俊：《演化变迁视域下新生代大学生职业价值观研究》，载《技术经济与管理研究》，2015(6)。

② 王乐乐：《改革开放四十年大学生职业理想的时代变迁》，载《西北成人教育学院学报》，2019(3)。

③ 宋扬、周春雷、周春淼：《大学生职业生涯规划教育现状及应对策略》，载《语文学刊(外语教育教学)》，2016(1)。

知识链接

招聘会上的大学生[①]

2013 年，记者在招聘会上采访了几位求职的大学生。在受访的学生中，无论是应届生还是往届生，多数人对于自己的求职方向并不明确，并非"想做一份怎样的工作"，而是"看看有没有适合自己的岗位"。

燕山大学英语专业的应届生莎莎是汉中人，想在西安找一份工作。"月薪 3000 元以上，时间自由，轻松一点"，这是她理想中的工作，但什么样的工作能够提供这样的环境，她并不清楚。2012 年毕业的一名往届生说，自己学的是英语教育，毕业后在超市工作了一年，现在想找一份行政管理类的工作。但是行政管理要做什么、需要什么样的条件，他挠头说"不清楚"，自己也只是想在这方面试试。

也有求职的大学生目标很明确，渭南师范学院的应届生小凯就是这样。他觉得自己的性格很开朗，善于与人交流沟通，在销售工作上能发挥特长，因此瞄准了销售类岗位。但是这样的求职学生比较少。

(五)职业规划时间不合理

理论上，职业规划应从学生大一进校时就开展，让大学生一入大学校门便能建立起职业规划的意识，从而进行自主规划。因为"规划"需要更长的时间跨度，如果起步较晚，就会造成学生对职业规划不清晰，从而在大学度过一段漫长的"迷茫期"，无法很好地利用大学时间开展兴趣爱好及个性化的培养。但现实情况是，大多数大学生的职业规划时间安排具有滞后性。某些高校在学生临近毕业时才将职业规划作为一门课程推向学生，其意图就是作为就业前的一次短期培训，这样"临阵磨枪"对就业可能有一定的效果，但忽视了职业规划应该是一个动态、系统、分阶段的层层递进的过程，最终目的是通过规划激发出大学生的潜能，找到与自身匹配的职业兴趣和方向。也有相当多的高校选择在大一的时候开设"大学生职业规划教育"之类的通识课程，但学生主观上对这门课程不够重视，仅仅是抱着上课换学分的目的而敷衍。一方面，他们没有真正意识到这门课程对自己长远发展的重要性，只是简单地认为，即使不对自己的职业进行认真的规划，短期内也不会受到任何影响；另一方面，他们认为自己刚入大学校门，离就业还很远，现在规划没必要。由此，造成了大学生真正进行职业规划的时间明显滞后，甚至有部分大学生根本来不及进行职业规划就懵懵懂懂地走进了求职大军中。

---

① 摘自孙佳：《当就业难遇招人难：毕业生漫天要价惹单位不满》，http://society.people.com.cn/n/2013/0418/c1008-21186858.html，2019-11-10。

三、大学生职业规划的影响因素

我国大学生职业规划现状不乐观是许多因素综合影响的结果，总结起来大致有以下几个。

（一）社会方面

随着我国高等教育由精英教育向大众教育转变，就业由分配式向自主择业转变，大学生人数迅速增长，但社会对大学生的就业指导相对于教育制度改革有明显的滞后。同时，职业规划最初起源于 20 世纪初叶的美国，并在 20 世纪 90 年代作为新兴事物传入中国，其普及程度不高，中国对职业规划的探究正处于初级探索阶段，有关职业规划的研究和实践相对欠缺。由此可知，我国社会对职业规划的认识和实行还不是很到位，这导致整个社会缺乏重视大学生职业规划的大环境，也缺乏大学生职业规划的专业指导方法。

随着市场经济的发展，经济因素开始在大学生职业规划中占据重要位置。人们在评价大学生就业情况时，往往以大学生从事职业经济收入的多少、就业单位的知名度和社会地位的高低论，这样的社会风气导致大学生在进行职业规划时容易急功近利，忽略自身和职业的匹配度。

（二）家庭方面

在中国，从古至今，读书都被当作改变命运的捷径之一。这种观念代代相传，深入人心，所以在中国，家长最舍得花钱的事情之一就是孩子的教育。家长为孩子的教育无怨无悔地付出，也导致家长对孩子读书所产生的回报赋予太多的期待，这无形中会让孩子将读书变得功利化。孩子从小承载着"出人头地""光宗耀祖"等观念，严重影响着他们的职业价值取向。同时，家庭关注孩子学习的及时效果，不重视长远的职业规划，这样的教育方式也直接导致了大学生职业规划意识的淡漠。

知识链接

放眼看世界

西方发达国家一直比较重视孩子的职业生涯设计，许多家长会在孩子上八年级或高中时就请来专家给孩子做职业兴趣分析。虽然这一时期孩子的职业兴趣并未定型，但是通过相关的职业实践活动，可以根据孩子显露出来的特征进行有效引导，从而达到"以兴趣定职业"的目的。

（三）学校方面

1. 大学生职业规划教育起步晚

教育部办公厅在 2007 年印发了关于《大学生职业发展与就业指导课程的教学要

求》的通知，指出："从 2008 年起提倡所有普通高校开设职业发展与就业指导课程，并作为公共课纳入教学计划，贯穿学生从入学到毕业的整个培养过程。"该通知将职业规划教育提上了日程，系统化、现代化的职业规划教育逐渐在高校落实。但自 2008 年至今，我国高校的职业规划教育的发展历程较短，还处在初级阶段，这就决定了这门课程在实施过程中还有很多问题需要摸索解决，这会直接影响大学生职业规划教育的实施效果。

2. 大学生职业规划课程实施不合理

高校近年来逐渐引进了职业规划测评系统，同时成立了就业指导机构，这在一定程度上能够促进大学生多方面地进行职业规划，但是在课程的实施上存在明显的问题，行之有效的教学模式尚未真正形成。主要体现在：第一，大学生职业规划课程在大学里是作为通识教育课来开展的，现实情况是，课程在大学生心目中的地位极低，这直接导致大学生对此类课程的重视程度不高。第二，大学生职业规划的教学内容往往与自己所学的专业联系不紧密，这很难让大学生体会到这门课程的实用性。第三，大学的通识教育课几乎都是以大班教学的形式开展的，大班额会影响教师课堂教学活动的开展，同时很难兼顾到每一位学生。第四，教学模式多以理论课程为主，但事实上理论教学并不能让大学生在实施职业规划的行动中有太深刻的体会和感悟。

3. 大学生职业规划缺乏专业师资

大学生职业规划课程的开展缺乏专业的职业规划培训师，一般是校内兼职教师或者辅导员任教。这些教师的显著优势是理论基础扎实，擅长理论教学，教学方法合理，对学生较为了解。但其最大的缺陷是，一方面，执教前缺少职业规划的专业培训，对职业规划的知识、方法和原则缺乏科学系统的指导；另一方面，这类教师缺少与职业规划相关的实战经验，传授给学生的几乎全是理论认知，这只会让学生更坚定地认为这门课程无法真正指导自己的职业规划。也就是教师与学生是理论对理论，但最后学生需要的是职业规划的具体实践。从理论到实践之间的距离，教师并没有提供有效的指导途径，需要学生自己去摸索。

4. 学校职业规划资源未尽其用

部分高校为了更好地开展职业规划教育工作，以及培养学生职业规划的意识，投入了大量资金构建职业规划教育服务体系，购买了职业规划测评系统，建立就业指导机构，提供团体职业规划指导培训、职业规划咨询等服务。然而，对某民办大学职业规划资源使用率的调查显示，此类教学资源的利用效果并不显著，学校所提供的职业规划资源并不为学生所用，67.65％的学生从未使用过学校的职业规划测评系统，仅有 32.35％的学生使用过此测评系统。其中，60.87％的学生不进行职业规划测评的原因是不知道学校有此系统。[①]

（四）自身方面

1. 对职业规划的认识不足

大学生对于什么是职业规划普遍处于模糊状态，未能全面认识职业规划，这导致许多大学生的职业规划意识淡薄。其主要原因有：第一，认识职业规划时间短。由于职业规划教育未能在中学教育中普及，大学生对于自身职业规划普遍起步晚。第二，认识和了解职业规划的途径少。由于职业规划在中国的发展历程短，人们的职业规划意识淡薄，大学生职业规划教育缺乏社会环境的熏陶，本土化职业规划教育处于探索研究中，理论尚未完全形成。

2. 对职业规划的重视不够

一方面，大学生对职业规划的重要性认识不足，总觉得车到山前必有路，职业规划可有可无；另一方面，大学生对职业规划不够重视，很多人进入大学后没有专注于自身发展和职业规划，而是把时间用在社团活动、上网、玩游戏或者谈情说爱上，或者把时间放在准备研究生考试上，把职业规划这项重要但不紧急的事情排在最后。

3. 对自我的认识不够

不少大学生不清楚自己的兴趣和爱好、自身优势和劣势，要么自认为学识渊博，从政、经商、做学问样样都可以胜任；要么认为自身条件好，素质较全面，工作能力强；要么缺乏自信心和竞争意识，对进入社会感到胆怯，所以不能根据自身的特点趋利避害地进行职业规划。同时，自我认识不清晰，导致个体目标缺失。没有目标的指引，大学生的职业规划就更是纸上谈兵了。

4. 缺乏行动力和社会经验

由于对职业规划认识不全面，大学生对于职业规划教育的需求更多停留在潜意识阶段，普遍未能唤醒意识并付诸行动。大学生仅在学校传统教育模式下吸取职业规划的理论知识，对职业规划理论仍处于似懂非懂的状态，更无法结合自身需求以及未来发展方向付诸规划实践了。加之中国父母普遍宠溺孩子，惯于包办孩子的一切事务，也是孩子缺乏行动力的主要原因之一。

学生上大学之前的主要任务就是学习，上大学后，各种学习活动、社团活动、班级活动和个人活动又忙得不可开交，这就使大部分大学生在大学阶段深入社会兼职的机会不多。社会经验相对欠缺，对社会的各种行业认知较浅，因而缺乏职业规划的实践经验和长远眼光。

[①]　韩莎莎、刘泽春、吴润娉等：《大学生职业生涯规划研究现状与对策——花都区民办高校为例》，载《现代商贸工业》，2014(21)。

第三节　科学规划职业，把握未来人生

一、大学生职业规划的意义

(一)促进大学生更好地发展

世界日新月异，行业多种多样，人才各有所长，在这种复杂的竞争环境中，个体只有在求职之前客观地对自己进行认识和分析，对行业进行必要的了解和研究，制定一份适合自己的职业规划，才有可能在大学期间有的放矢，进行有针对性的就业准备，在就业过程中少走弯路，节省时间和精力，更好地实现自身发展。

(二)帮助大学生发掘自身潜力

一份行之有效的职业规划能够让大学生在校期间合理地进行自我评估，正确认识自身的个性特质和潜在的资源优势，对自己的价值进行更准确的定位，更好地评估目标与现实之间的差距，并寻找科学的方法，采取可行的步骤和措施，实现自己的职业目标与理想。职业规划还能使大学生发掘出个体适应社会需求的潜力，从而培养其相对稳定的职业志向。

(三)提升大学生的求职竞争力

系统的职业规划能够科学地对每位大学生进行测评，并结合个体的兴趣爱好、特长优势进行专业的综合分析，帮助大学生认清自己的就业形势，确定其最具发展潜力的职业奋斗目标，在这个基础上，协助大学生制定出一套行之有效且合理的行动方案。在这个过程中，大学生能够逐渐发挥主观能动性，有意识地寻求个性的发展，进而对个人的求职方向进行不断优化和调整，从而有目的地培养个人能力。这一系列活动能够显著提高大学生的求职竞争力。

(四)规范我国人才市场

大学生无准备的求职状态往往导致其盲目就业，甚至是随意就业，这会造成人才与岗位不匹配的情况。大学生就业满意度低，辞职率上升，人才资源得不到最优配置。这样的情况不但不利于大学生个体和用人单位的发展，还会造成人才市场的混乱。职业规划通过较早地介入大学生个人的发展规划中，引领大学生找到正确的求职方向，提高人岗匹配度，合理优化人才流向，一定程度上能对规范我国人才市场起到积极的作用。

二、大学生职业规划的途径

(一)大学生职业规划的一般步骤

1.掌握自我信息

一个有效的职业规划设计必须是在充分且客观地认识自身条件的基础上进行的，

因此在开始设计前，大学生需要对自己进行全面的评估，包括自身的兴趣、气质、性格、能力、特长、学识水平、思维方式、价值观、情商以及潜能等。简言之，要弄清楚三个问题：我是谁？我想做什么？我能做什么？

自我评估的方法多种多样，主要包括以下几种。

第一，自我感知法。即在日常生活中，通过对自身各种行为和观念的观察，得出自己做事的特点、优点和缺点等。自我感知法的缺陷是容易受主观偏好和自我修养的影响而出现偏差，因此仅使用这种方法显然是不科学的，可以将它作为其他方法的有效补充。

第二，他人评价法。即借助老师、同学、家长和朋友的帮助，在人际交往过程中，向他们询问对自己的评价，以此来了解自己。他人的评价往往较为客观和公正，所以个体可以充分分析和整合他人的观点，得出对自己的合理认知。

第三，工具测量法。借助各种专业的测量工具进行测试评估，如明尼苏达多项人格测验、卡特尔人格测验、韦克斯勒智力量表、霍兰德职业性向测验量表等。

霍兰德职业性向
测验量表

个体在自我认知时可综合使用这三种方法，以获得最客观、全面的自我信息。

2. 掌握职业信息

知己知彼，方能百战不殆。大学生要有效地制定职业规划，就需要深入全面地了解外部职业环境，包括：社会的经济发展情况；行业的内部结构，相关政策，发展现状和前景；职业的内容和任务，能力和资格要求，入职、培训和升迁制度，薪资和福利，企业文化等。尽管需要了解的职业信息有很多种，但可以根据信息的性质，分别从静态和动态两方面进行考察。

（1）获取静态信息的渠道

包括：关于求职、企业介绍的书籍、杂志、报纸；公开印发的企业简介；电视、广播等媒体对企业的宣传、介绍或公布的信息；通过网络（含企业官网）获取广泛的企业信息；当前新兴的自媒体如微信公众号刊载的信息。

（2）获取动态信息的渠道

包括：询问他人，即向从事某职业的人询问与行业相关的问题，获取职业的细节信息；通过自身兼职或实习经历获取职业的直接信息；通过参加企业招聘会或宣讲会进行现场咨询，获取职业的运营模式、管理方式等宏观信息。

通过这些渠道，可以获取对工作或职业的充分认识。只有这样，才能破除我们对某些工作或职业的刻板印象或迷信，更好地将职业与自身进行匹配，进而指导和规划个体的人生。

许玫等人针对行业信息，提出了 PLACE 指标，作为评估职业的标准。它涵盖了个体对于一份工作需要全面了解的内容。[①]

P，指职位或职务（position）。包括该职位的经常性任务、所需负担的责任、工作层次等。

L，指工作地点（location）。包括地理位置、环境状况（室内或户外、城市或农村）、工作地点的变化、安全性、氛围等。

A，指升迁状况（advancement）。包括工作的升迁渠道、升迁速度、工作稳定性、工作保障等。

C，指雇用情形（condition of employment）。包括薪水、福利、进修机会、工作时间、休假情形及特殊雇用规定等。

E，指雇用条件（entry requirements）。包括所需的教育程度、证书及执照、训练、经验、能力、人格特质等条件。

3. 确定职业目标

2020 年 7 月 23 日，习近平总书记在一汽集团研发部讲到："大学生的择业观要摆正，找到自己的定位，投入到踏踏实实的工作中，实现自己的人生理想。"研究自己适合从事哪些职业并确定职业目标，是职业规划的关键和基础。回答这个问题，要考虑各方面的因素，包括自己所处的职业发展阶段，职业倾向（也即职业类型），技能（也即自身的本领如专业、爱好、特长等），职业动机，以及职业兴趣等。例如，喜欢旅行的人适合选择"经常出差的职业"作为自己的目标，喜欢温暖、湿润气候的人可以将"在华南工作"作为自己的职业目标，喜欢自己做决定的人可以选择"创业"作为自己的职业目标。

4. 制定行动方案

制定好一系列的职业发展规划后，如何将其落实到具体行动上，是每个规划制定者必须考虑并面对的一个问题。做一个好的规划若没有实施上的细则，就无法保证目标实现。因此，方案中不仅需要确定个体的人生终极目标，更需要制定具体可行的实施步骤。这些步骤可以帮助个体逐步实现目标，走向成功。这就要求我们在确定职业生涯目标后，制定具体可行、容易评估的行动方案来实现它们。行动方案应包括职业生涯发展的路线、教育培训安排、时间计划等方面的措施。例如，计划大一要获得哪些技能和资格证书，怎样提升自己的人际交往能力和处事能力等。

5. 反馈修正

现实社会中存在种种不确定的因素，会在一定程度上使我们的各种安排与原来制定的目标有所偏离，这就要求我们不断反省，并对规划的目标和行动方案做出适时适当的修正或调整，从而保证自己的职业目标能够与时俱进。从这个意义上说，反馈修正就是一个再认识、再判断、再确定的过程。

---

① 许玫、张生妹：《大学生如何进行生涯规划》，50 页，上海，复旦大学出版社，2006。

(二)大学生职业规划的具体方法

许多职业咨询机构和心理学专家进行职业咨询和职业规划时常常采用的方法是自我提问模式，即从问自己是谁开始，然后顺着问下去，共有5个问题。

问题一："我是谁?"这是对自己进行一次深刻的反思，对自己有一个比较清醒的认识。自身的优点和缺点，都应该一一列出来。

问题二："我想干什么?"这是对自己职业发展的心理取向的检查。每个人在不同阶段的兴趣和目标并不完全一致，有时甚至是完全对立的。但个体的兴趣和目标会随着年龄和经历的增长而逐渐固定，并最终锁定为自己的终身理想。

问题三："我能干什么?"这是对自己能力与潜力的全面总结。一个人的职业定位取决于他的现有能力，而职业发展空间的大小则取决于他的潜力。对于一个人潜力的了解应该从几个方面着手：对事物的兴趣、做事的韧劲、临事的判断力以及知识结构是否全面、是否及时更新等。

问题四："环境支持或允许我干什么?"这种环境支持在客观方面包括地方的各种状态如经济发展、人事政策、企业制度、职业空间等，主观方面包括同事关系、领导态度、亲戚关系等，两方面的因素应该综合起来考虑。有时我们在职业选择时常常忽视主观方面的东西，没有将一切有利于自己发展的因素调动起来，从而影响了自己的职业切入点。而在国外，通过同事、熟人的引荐找到工作是最正常也是最容易的一种途径。当然，这和一些不正常的"走后门"等歪门邪道有着本质的区别。这种区别就是前者的环境支持是建立在自己的能力之上的。

问题五："自己最终的职业目标是什么?"明晰了前面四个问题，就会从各个问题中找到对职业目标有利和不利的条件。列出不利条件最少、与自己的兴趣点最一致，且又能够胜任的职业目标，那么第五个问题自然就有了一个清楚明了的答案。

最后，将自己的职业规划列出来，建立并形成自己的发展规划书，通过系统的学习、培训，实现理想就业目标，即选择一个什么样的职业，预测自己在岗位上的职务提升步骤，个人如何从低到高逐级而上等。

三、高校提升大学生职业规划教育质量的途径

(一)引导大学生树立就业优先意识

习近平总书记在二十大报告中提到，增进民生福祉，提高人民生活品质的策略之一就是实施就业优先战略。强化就业优先政策，健全就业促进机制，促进高质量充分就业。健全就业公共服务体系，完善重点群体就业支持体系，加强困难群体就业兜底帮扶。统筹城乡就业政策体系，破除妨碍劳动力、人才流动的体制和政策弊端，消除影响平等就业的不合理限制和就业歧视，使人人都有通过勤奋劳动实现自身发展的机会。完善促进创业带动就业的保障制度，支持和规范发展新就业形态。健全劳动法律法规，完善劳动关系协商协调机制，完善劳动者权益保障制度，加强

灵活就业和新就业形态劳动者权益保障。这为大学生就业优先提供了政策支持和权益保障，随着社会的发展，职业种类及就业机会越来越多，随之而来的是大学生数量增多带来的就业竞争也越来越激烈，因此学校要有意识地引导大学生调整就业和择业观念，树立就业优先意识，先保证就业，在就业的过程中积累经验、汇集信息，适时选择创业或再择业，最大限度地实现自己的人生价值。

（二）优化职业规划教师队伍的专业性

大学生职业规划教师专业水平越高，越有助于大学生职业规划教育取得显著效果。提高大学生职业规划教师的专业化水平，应采取的具体措施包括：首先，高校应加强大学生职业规划教师队伍的专业化建设，从政策、经费等方面给予大力支持，强化教师自我提升的信心，优化教师专业发展的途径。其次，加大职业规划专业人才引进的力度，对大学生进行专业化的职业规划指导。最后，对高校现有的教育资源加以整合，对辅导员、班主任进行专门的培训，加强以专职教师为主、兼职教师为辅的大学生职业规划指导教师队伍建设，使大学生职业规划教师的专业水平在整体上有所提升。

（三）多手段强化大学生社会实践

2011年5月9日，时任中共中央政治局常委、中央书记处书记、国家副主席习近平到贵州大学考察时勉励大家："把学习和择业与崇高理想结合起来，既志存高远，又脚踏实地，在实践中经受考验，全面磨炼和提升自己，在报效祖国、服务人民的过程中获得社会的承认，体现自己的人生价值。"当今社会，用人单位越来越看重毕业生的综合能力，即综合运用知识的能力、环境适应能力和实际操作能力。因此，构建大学生社会实践体系、为大学生择业创造良好的社会环境、增强大学生的社会实践能力是高校的重要任务。一方面，要实施大学生"走出去"战略，增强大学生的实践能力，鼓励大学生利用课余时间、双休日和寒暑假等自觉开展社会实践活动，通过社会兼职、实习等途径深入了解不同的职业，运用所学知识，锻炼和增强自身的社会实践能力。另一方面，加强学校与用人单位的合作，积极建设与大学生实践相关的实习基地和实践平台。学校要积极主动与企业建立人才输送的合作关系，为学生提供实习和就业的绿色通道，通过实践建立起企业与学生之间的互惠关系。为了激励大学生自主实践，高校可以根据大学生实习时间的长短和质量的优劣将实习经历折合成不同的学分，或用实习经历抵消部分选修课程的学习。

（四）开展校园职业规划系列活动

职业兴趣培养和职业规划教育是一个长期实践的过程，在推行职业规划指导工作的过程中，一定要结合本校学生、教师以及各种内外部资源的实际状况，创造性地开展职业规划指导工作。不能完全照搬某一模式，应将职业规划的指导思想、辅导内容、培训模式等进行本土化、个性化转变，使职业规划理论能够更好地为本校大学生成长成才提供帮助。大力发展校园文化，开展第二课堂。例如，为有从政志向或兴趣的学生开设公文写作、时政解读等选修课程，为有翻译兴趣的学生开设专业翻译的选修课，为有志从事律师职业的学生成立模拟法庭社团等。将职业规划与课程和第二课堂活动结合起来，让不同的学生接受不同的培养。

知识链接

美国大学的职业规划

许多国家的学校教育中都有"职业设计辅导"这一课程，美国大学生的就业指导伴随着读大学的整个过程。从刚刚走进大学校门开始，有关机构就会帮助学生规划职业生涯，每个学生都有一份记录着个人心理特点、兴趣、职业能力倾向、个人特征及家庭背景的资料档案。进行指导的教师也都是专职人员，从大一到毕业，每年开设的就业指导课程各有侧重，形式多样，贯穿始终。

体验活动

教师访谈

目的：通过对任课教师的求职过程及工作状态的询问，深刻理解某一具体职业（如教师）的行业信息。

操作：学生以任课教师为访谈对象，就其求职经历及工作相关问题进行访谈。

要求：

1. 提前制定好完整的访谈提纲。

2. 做好访谈记录。

3. 分析整理访谈记录并撰写访谈体会（收获）。

课堂演习

盘点我的大学生活

根据自己的大学生活，完成表8-1。

表8-1 我的大学生活

个人基本信息					
姓名		性别		爱好	
专业		主修课程		特长	

续表

个人能力与技能					
英语水平		计算机水平		其他资格证书	
获奖情况					
社会实践与实习					
职业目标					
实现职业目标的计划					

推荐资源

[1]许玫、张生妹：《大学生如何进行生涯规划》，上海，复旦大学出版社，2006。

[2]庄丽、程希义、季小燕：《大学生职业生涯发展规划书实操指导》，武汉，华中科技大学出版社，2018。

参考资料

一、著作类

[1]陈琦、刘儒德：《教育心理学》，北京，高等教育出版社，2005。

[2]林崇德：《咨询心理学》，北京，人民教育出版社，1998。

[3]何冬梅、王丽娜：《大学生心理健康教育教程》，北京，中国电力出版社，2010。

[4]侯玉波：《社会心理学》，北京，北京大学出版社，2007。

[5]李进宏：《大学生心理健康教育（第2版）》，武汉，武汉理工大学出版社，2011。

[6]李贤瑜、彭跃红、徐春华：《大学生心理健康教育》，南昌，江西人民出版社，2006。

[7]李晓洁、杜以昌：《大学生心理健康教育》，西安，电子科技大学出版社，2010。

[8]彭聃龄：《普通心理学》，北京，北京师范大学出版社，2001。

[9]王高亮、李侠：《大学生心理健康教育》，北京，北京工业大学出版社，2010。

[10]王丽坤：《大学生心理健康教育》，武汉，武汉理工大学出版社，2009。

[11]王文鹏、贾喜玲：《大学生心理健康教育》，开封，河南大学出版社，2006。

[12]王晓春、王国炎：《大学生心理健康教育》，北京，中国商务出版社，2009。

[13]卫生部疾病预防控制局：《大学生心理健康100问》，北京，东方出版社，2013。

[14]夏翠翠：《大学生心理健康教育（慕课版）》，北京，人民邮电出版社，2015。

[15]许玫、张生妹：《大学生如何进行生涯规划》，上海，复旦大学出版社，2006。

[16]叶茂、吴海银、陈坚：《大学生心理健康教育导论》，武汉，武汉理工大学出版社，2011。

[17]曾红媛、何进军、陈龙图：《大学生心理健康教育（修订版）》，上海，复旦大学出版社，2013。

[18]张富洪、李斐、卢文丰：《大学生心理健康教育》，上海，复旦大学出版社，2010。

[19]章志光：《社会心理学》，北京，人民教育出版社，2001。

[20]郑晖、马新胜、徐春桥等：《大学生心理健康教育》，长沙，湖南师范大学出版社，2011。

[21]郑晖、郑乐平：《大学生心理健康教育》，长沙，湖南师范大学出版社，2011。

[22]郑日昌：《大学生心理诊断》，济南，山东教育出版社，1999。

[23]岳学友、赵雅丽：《大学生心理健康教育》，西安，西北工业大学出版社，2011。

[24]赵静、黄菊山、李海波：《大学生心理健康教育》，北京，中国传媒大学出版社，2018。

[25]赵昱鲲：《消极时代的积极人生》，杭州，浙江人民出版社，2012。

[26][美]艾里西·弗洛姆：《爱的艺术》，刘福堂译，上海，上海译文出版社，2010。

[27][美]芭芭拉·弗雷德里克森：《积极情绪的力量》，王珺译，北京，中国人民大学出版社，2010。

[28][美]罗兰·米勒、丹尼尔·铂尔曼：《亲密关系（第5版）》，王伟平译，北京，人民邮电出版社，2011。

[29][美]马丁·塞利格曼：《持续的幸福》，赵昱鲲译，杭州，浙江人民出版社，2012。

二、论文类

[1]周晨：《当代大学生生命意识缺失现象探析》，载《徐州教育学院学报》，2008(2)。

[2]姜宝莲：《大学生职业生涯规划的现状及应对策略分析》，载《经营者》，2017(12)。

[3]兰小云：《生命教育：从青少年自杀现象谈起》，载《江西教育科研》，2003(8)。

［4］练建斌：《当代大学生生命意识缺失现象探析》，载《广西科技师范学院学报》，2017(10)。

［5］宋增伟、梅萍：《城乡大学生生命意识与人生态度比较研究》，载《广西教育学院学报》，2015(10)。

［6］张艳花：《职业生涯规划在大学生就业指导中的作用探究》，载《赤峰学院学报》，2016(8)。

［7］周德新、黄向阳：《论死亡教育》，载《职业时空》，2009(1)。

［8］巩梦丹：《浅论我国大学生职业生涯规划现状及对策建议》，载《现代交际》，2017(4)。